TIERISCHES LEUCHTEN UND SYMBIOSE

VORTRAG GEHALTEN IN DER ZOOLOGISK-GEOLOGISKA FÖRENINGEN ZU LUND AM 5. OKTOBER 1925

VON

PAUL BUCHNER

MIT 18 ABBILDUNGEN

SPRINGER-VERLAG BERLIN HEIDELBERG GMBH 1926

ISBN 978-3-662-31831-7 ISBN 978-3-662-32657-2 (eBook)
DOI 10.1007/978-3-662-32657-2

Vorwort.

Die folgenden Zeilen stellen die freie Wiedergabe eines Vortrages dar, welcher am 5. Oktober 1925 auf Einladung der zoologisch-geologischen Vereinigung zu Lund in Schweden gehalten wurde. Die Vorstellung, daß zum mindesten ein großer Teil der leuchtenden Tiere ein tatsächlich von symbiontischen Bakterien produziertes Licht aussendet, erweckte zunächst wohl fast überall bei den fernerstehenden Fachgenossen nur ungläubiges Kopfschütteln, zum mindesten zögerndes Abwarten. Den, der mitverfolgte, wie man vielfach auch die ganze Fülle der übrigen neuen Symbioseforschung als ein unbequemes Kuriosum empfand, konnte dies nicht weiter wundernehmen. Gerade die intimere Kenntnis all des Überraschenden, was wir heute von sonstigen Symbionten und ihren innigen Wechselbeziehungen zum Wirtsorganismus wissen, entkleidet ja die Leuchtsymbiose rasch des Absonderlichen und läßt sie zu einer naheliegenden Konsequenz des gleichen biologischen Prinzips werden, dessen Geltungsbereich sich beinahe täglich erweitert.

Allmählich aber geht diese Periode der Skepsis wohl zu Ende. Es mehren sich die Untersuchungen, die von fernstehender, uninteressierender Seite angestellt werden und jedesmal zu einer Erweiterung unserer Kenntnisse führen, nirgends aber bisher ihre Vorgänger Lügen straften. Auch für die Leuchtsymbiose im besonderen, die naturgemäß vor allem geeignet ist, das Interesse weiterer Kreise auf sich zu lenken, gilt dies. Wir verfügen auch hier bereits über einen als unantastbar zu bezeichnenden Grundstock von Erfahrungen, auf dem weiter gebaut werden kann, auch wenn die Ausmaße des ganzen Gebäudes noch nicht scharf umrissen sind.

Der Wunsch, weiter für dieses reizvolle Arbeitsgebiet nicht nur bei Zoologen, sondern auch bei Physiologen, Botanikern und Bakteriologen zu werben, und die Aussicht, daß dies vielleicht einem Vortrag, der sich nicht mit dem Ballast der Einzelheiten zu beladen und auf Vollständigkeit keinen Anspruch zu erheben braucht, leichter gelingen möge als einem umfangreichen Buch, veranlassen mich, dieses Augenblicksbild unserer Kenntnisse, von dem ich hoffe, daß es ein flüchtiges sei, zum Druck zu geben.

Greifswald, im Dezember 1925.

Paul Buchner.

Als vor einigen Monaten Greifswald die Freude hatte, eine Reihe Professoren, Dozenten und Studenten Ihrer Universität willkommen zu heißen, durfte ich ihnen in wenn auch nur knapp bemessener Zeit einen gedrängten Überblick über die wichtigsten Ergebnisse der Symbioseforschung geben. Daß ich so kurze Zeit darauf dank Ihrer Einladung von neuem die Ehre habe, vor den Lunder Biologen über das mir ans Herz gewachsene Gebiet zu reden, muß mich aus mehrfachen Gründen freuen. War es doch unser aller Hoffnung, daß solche Zusammenkünfte die geistigen und persönlichen Beziehungen der beiden Universitäten zu gegenseitigem Frommen lebhafter gestalten würden, und durfte ich im besonderen daraus doch wohl den Schluß ziehen, daß der Fragenkreis, den ich damals nur andeuten konnte, Ihr Interesse und den Wunsch nach weiteren Aufschlüssen geweckt hatte.

Bevor ich in die Behandlung meines speziellen Themas eintrete, möchte ich aber doch rasch auf den Grundgedanken und den augenblicklichen Geltungsbereich des Symbioseprinzips noch einmal eingehen, wie es sich heute dem Zoologen darstellt, also ohne die Symbiosen der Pflanzen untereinander zu berücksichtigen. Das durch ein Band gegenseitiger Nützlichkeit verbundene Zusammenleben verschiedenartiger Tiere, wie etwa des Einsiedlerkrebses mit Actinien, tritt dabei völlig zurück hinter den Symbiosen zahlloser Tiere mit pflanzlichen Mikroorganismen, wie sie uns hier allein beschäftigen sollen. In seltenen Fällen leben diese in der Umgebung der Tiere, von ihnen gepflegt und gezüchtet wie etwa die Mycelien gewisser Hutpilze von den Attaameisen; was die erst in den letzten 15 Jahren bekannt gewordenen Erscheinungen so auffällig macht, ist vielmehr der seltsame Umstand, daß der pflanzliche Gast in den Körper des tierischen Wirtes aufgenommen wird, sei es, daß er Höhlungen in ihm bewohnt oder, wie zumeist, sogar in seine Zellen Einlaß findet. Der Sinn einer solchen auf den ersten Blick unnatürlichen Einrichtung ist offenkundig darin zu suchen, daß die betreffenden Mikroorganismen über physiologische Fähigkeiten verfügen, die dem Wirtstier abgehen und um die es sich so zu bereichern versteht. Von parasitischen Invasionen unterscheidet sich daher ein solches Zusammenleben vor allem dadurch, daß die fremden Gäste weder dem Tierkörper als Ganzes noch den oft in ungeheueren Mengen besiedelten Zellen Schaden tun, von harmloseren Commensalen aber, wenn der als verständiger Züchter auftretende Wirt dem Symbionten eigenes Zellmaterial, vielfach sogar zu komplizierten Organen gefügt, als Wohnstätte zur Verfügung stellt. Wenn die ursprüngliche und strengste Definition des Begriffes Symbiose erforderte, daß das Zusammenleben so ausbalanciert ist, daß beide Partner in gleicher Weise sich gegenseitig nützen, so zwingt uns die neuere Symbioseforschung, seinen Inhalt etwas abzuschwächen. Der Umstand, daß der neue Tatsachenkomplex einen derartigen Umfang annimmt, gibt uns wohl das Recht dazu, den einmal vorhandenen und üblichen Terminus ihm anzupassen und dahin zu erweitern, daß wir auch dann noch von Symbiose reden, wenn der eine Partner, hier stets der pflanzliche Mikroorganismus, in der Weise dem anderen untergeordnet ist, daß er für ihn Arbeit leistet, ohne in grober Weise geschädigt zu werden, daß er aber zum mindesten von Haus aus wohl auch außerhalb des Tieres gedeihen konnte. Sind die ersten Schritte gegenseitiger Anpassung getan, so reguliert, d. h. hemmt dieses allerdings seine Vermehrungsrate[1]), bietet ihm vielleicht sogar oft nur knappe Kost, läßt es aber bei Lebzeiten nie zum Absterben auch nur eines Teiles der Gäste kommen[2]). Einmal eingebürgert, kann aber trotzdem die Gewöhnung derart tief gehen, daß eine Rückkehr zu freiem oder saprophytischem Leben Schwierigkeiten bereitet[3]). Es besteht also keine biologische Gleichordnung, sondern das Tier erscheint als der übergeordnete, überlegene Faktor, dem die Initiative zukommt, die Pflanze als der beherrschte, weise ausgenützte Partner.

Angesichts der relativen Jugend, die wir selbst den kompliziertesten intracellularen Symbiosen zuschreiben müssen[4]), des Umstandes, daß sichtlich auch heute noch neue Symbiosen eingegangen werden, und der Verschiedenartigkeit der pflanzlichen Gäste wird es nicht wundernehmen, wenn auch das eben angedeutete Verhältnis kein stets genau in dieser Weise wiederkehrendes ist, sondern gelegentlich noch mangelhaft ausgeglichene Erscheinungen, wie sie uns insbesondere bei Algensymbiosen begegnen, nachdrücklich daran erinnern, daß hier eine nur historisch begreifbare Erscheinung vorliegt[5]).

Zu unserem Leidwesen müssen wir gestehen, daß die ungleich schwierigere Erforschung der physiologischen Wechselbeziehungen mit den morphologischen und entwicklungsgeschichtlichen Entdeckungen noch keineswegs Schritt gehalten hat. Zumeist können wir den speziellen Sinn des Bündnisses nur von ungefähr mutmaßen, nicht selten liegt er noch völlig im Dunkeln Daß es sich in der überwältigenden Zahl der Fälle aber um ernährungsphysiologisch bedeutsame Einrichtungen handelt, geht schon aus der Art der Verbreitung hervor.

Wir können große Kategorien einerseits und ein beschränktes, insulares Vorkommen andererseits unterscheiden; die ersteren aber sind dann entweder nur durch die gleiche Lebens- bzw. Ernährungsweise oder durch diese und ein gemeinsames systematisches Band charakterisiert. Lassen wir sie zuerst an uns vorüberziehen.

Da sind obenan die Homopteren zu nennen, die sich in ihrer Gesamtheit von Pflanzensäften ernähren und zugleich intracellulare Symbionten besitzen. Die Blattläuse, die Schildläuse, die Blattflöhe, die großen und kleinen Zikaden, sie alle bieten uns eine Fülle von solchen hier zum Teil den Höhepunkt ihrer Komplikation erreichenden Einrichtungen. Wir sind allmählich in morphologischer Hinsicht recht genau über sie unterrichtet und können sagen, daß die Lust, fremde Organismen in sich anzusiedeln, wohl nirgends so groß ist wie hier und sicher nirgends so tolle Blüten getrieben hat. Hat doch nicht nur jede größere systematische Einheit ihre besonderen Einrichtungen, sondern jede Unterabteilung hat sie selbständig entfaltet und geht der Symbiontenhunger hier doch so weit, daß zwei, drei und vier verschiedene Organismen in räumlich geschiedenen Wohnstätten dem Insektenkörper einverleibt wurden[6]).

Vergleichen wir die Blattiden mit den Homopteren, so ähneln sie ihnen insofern, als die ganze Gruppe ausnahmslos mit Bakterien im Fettkörper versorgt ist, unterscheiden sich aber durch die Eintönigkeit der Verhältnisse[7]). Die heteropteren Wanzen, also die Baum- und Blattwanzen, lassen nun aber deutlich erkennen, wie nicht die systematische, sondern die ökologische Einheitlichkeit das Vorhandensein oder Fehlen der Symbiose bedingt, denn unter ihnen können wir Pflanzenteile und Tiere aussaugende unterscheiden, und nur bei den ersteren, nie bei den letzteren fand man jene eigenartigen, mit Bakterien dicht gefüllten Ausstülpungen des Mitteldarmes, die zu den auffälligsten derartigen Bildungen zählen, die wir kennen[8]).

Das gleiche lehren die beiden folgenden Gruppen von Vorkommnissen, welche, sich über die Grenzen des Systems völlig hinwegsetzend, wiederum rein ernährungsphysiologisch bedingt sind, die der echten Wirbeltierblutsauger und die der Holzfresser. Wir wissen heute, daß eine überraschend bunte Reihe von Insekten, Arachnoideen und Würmern Symbiontenträger sind, die sonst nur noch die einseitige Ernährung durch rotes Blut gemein haben. Die verschiedenen Läusearten, die Bettwanze, die Glossinen, die auf Schafen lebenden Melophagus und ihre Verwandten, die Culiciden, Gastrophiluslarven, die Zecken (Ixodes, Argas und ihre zahlreichen Verwandten), gewisse auf Reptilien schmarotzende Gamasiden, Hirudineen von Wasservögeln und der medizinische Blutegel verfügen samt und sonders über ihre Symbionten, wenn auch natürlich in Anbetracht der verschiedenen Organisationen die spezielle Ausprägung von Fall zu Fall große Mannigfaltigkeit aufweist[9]).

Die Fähigkeit, Holzsubstanz unmittelbar als Nährmittel zu verwenden, geht, so viele Holzfresser es auch auf den ersten Blick gibt, offenbar den allermeisten Tieren ab. Unter den vielen Holz zernagenden Insekten können wir tatsächlich etwa folgende Gruppierung vornehmen. Die einen minieren im Holz nur, um sich eine gesicherte Behausung zu verschaffen, wie die Camponotusarten unter den Ameisen, andere gehen in ihren Gängen in Wirklichkeit auf Raub aus, wieder andere bewegen sich in den lebendigen, nährstoffreicheren Regionen. Der Rest aber versteht es offenbar durchweg auf Umwegen, d. h. mit Hilfe von Symbionten, wirklich von dem spröden Material zu leben, sei es, daß dieses zerkaut und als Nährbrei für Pilzkulturen verwendet wird, wie bei den Attaameisen und zahlreichen Termiten, daß ein Pilzbelag der Gänge abgeweidet wird wie bei Borkenkäfern und anderen, oder daß der Symbiont wiederum als Helfer in dem Tierkörper Aufnahme findet. Neue Untersuchungen[10]) haben ergeben, daß z. B. die Rosenkäferlarven, die ihr Leben in der Tiefe der modernden Massen von Ameisenhaufen fristen, im Lumen ihres Darmkanals ein Bacterium beherbergen, das — auch außerhalb desselben im Ameisenhaufen stets vorhanden und an seiner Zersetzung mitarbeitend — sich in Reinkulturen als ein Cellulose vergärendes erwies und mit den Holzpartikelchen in jede junge Larve wieder aufs neue eingeführt wird. Genauere Nachforschungen werden sicher auch dartun, daß in vielen anderen Fällen bei „holzfressenden“ Insekten eine üppige Bakterienflora im Darm die gleichen Dienste tut[11]). Unter Umständen können auch Protozoen (Flagellaten und Ciliaten) an ihre Stelle treten. Nachdem man dies bei den Termiten schon lange als wahrscheinlich angenommen hatte, konnten neueste Untersuchungen es hier zur Gewißheit erheben und den Nachweis führen, daß diese Tiere dank ihrer Darminsassen sich Generationen lang mit reiner Cellulose füttern lassen[12]). Darüber hinaus kennen wir eine ganze Reihe im Holz lebender Käfer der verschiedensten Gruppen, bei denen eine intracellulare Symbiose begründet wurde, die wohl sicher den gleichen Sinn hat, bei der aber leider der experimentelle Nachweis noch fehlt, so schon länger die der Anobiinen, seit kurzem die einer Anzahl Bockkäfer und Buprestiden[13]).

An diese umfangreichen Erscheinungsgruppen reihen sich jene an, die wenigstens heute noch isolierter dastehen, wie die Bakteriensymbiose bei einigen Ameisen aus der Gruppe der Camponotinen oder bei der Olivenfliege Dacus und anderen mehr. Zum Teil mindestens wird dies ein vorübergehender Zustand sein, und der Geltungsbereich wird sich bei intensiverem Studium ähnlich erweitern, wie es kürzlich etwa bezüglich des eigenartigen Vorkommens von Bakterien in den Speichernieren von Cyclostoma elegans, einer Schnecke, geschah, das sich auf die ganzen Familien der Cyclostomiden und Annulariiden ausdehnen ließ[14]).

Ich habe bei dieser Übersicht nicht der zahlreichen Fälle gedacht, in denen bei Protozoen, Schwämmen, Cölenteraten und Würmern grüne und gelbe Algen leben; sie stellen das alte Symbiontenkontingent, dessen Anpassungen zwar da und dort an die Innigkeit der neuerdings bekannt gewordenen Fälle herankommen, im allgemeinen aber eher als Auftakt zu diesen wirken[15]).

So imponierend zweifellos diese hier kurz angedeutete und auf nur 15 Jahre sich zusammendrängende Erweiterung des Symbiosegedankens ist, so haben wir doch einer seiner reizvollsten und originellsten Auswirkungen noch nicht gedacht. Der Titel unseres Vortrages hat Ihnen schon verraten, um was es sich handelt: auch die Fähigkeit, Licht auszusenden, ist unter Umständen eine dem leuchtenden Tier von Haus aus nicht zukommende und auf Leuchtbakterien zurückführbar, die seine Leibeigenen geworden sind! Die Leuchtsymbiose ist als eine weitere Kategorie etwa jener bei blutsaugenden oder holzfressenden Tieren anzureihen. Denn sie hat mit diesen gemeinsam, daß sie sich in höchstem Maße über jegliche systematische Grenze hinwegsetzt und von demselben biologischen, wenn auch nicht ernährungsphysiologischen Band umschlungen wird.

Die Vorstellung, daß den zahlreichen leuchtenden Tieren, die wir kennen, dieses an besondere, oft hochkomplizierte

Organe gebundene Vermögen ureigen ist, wurzelt so tief, daß gerade hier manchen ein Umlernen recht schwer wird. Umgekehrt fällt es dem, der mit dem sonstigen Tatbestand der Symbioseforschung vertraut ist, wie Schuppen von den Augen, wenn er den Gedanken einmal gefaßt hat, und er sieht auf Schritt und Tritt die zahlreichen Beziehungen, die dieses Kapitel eng an die ihm anderweitig geläufigen Erscheinungen knüpft. Keineswegs ist es heute schon nach allen Seiten durchforscht und aufgeklärt, aber jedenfalls wissen wir bereits mit Sicherheit, daß die Leuchtsymbiose nicht zu den Seltenheiten gehört. Wenn ich Ihnen im folgenden den Stand unserer Kenntnisse zu umreißen suche, wird es sich zwar den Umständen entsprechend um ein Augenblicksbild handeln, aber doch schon um ein recht in Einzelheiten gehendes. Ich will, wenn ich zunächst über den meiner Meinung nach völlig gesicherten Teil der Beobachtungen berichte, ihm dadurch das Überraschende und Ungewohnte zu nehmen suchen, daß ich jeweils entsprechende Erfahrungen zum Vergleich heranziehe, die man an den Symbionten anderer nicht leuchtender Tiere gemacht hat, so daß sich auf solche Weise auch willkommene Gelegenheit bieten wird, Sie über das spezielle Thema hinaus da und dort etwas tiefer in die Wunderwelt der Symbiose blicken zu lassen.

Die Geschichte der Leuchtsymbiose ist eine recht kurze. Nachdem vorübergehend Dubois einmal bei Pholas, einer leuchtendes Sekret ausstoßenden Bohrmuschel, an etwas Derartiges gedacht hatte, schlief der Gedanke, bis 1914 von Pierantoni und mir unabhängig voneinander das gleiche für die allbekannten Leuchtkäferchen und einen intensiv leuchtenden marinen Organismus, die Pyrosomen, behauptet worden war. Auch in der Folge war es insbesondere der erstere, der durch weitere Untersuchungen die Kenntnis auf dem Gebiet zu mehren vermochte, wenn auch die Bestrebungen anderer sich allmählich mit den unseren vereinigten.

Wir beginnen mit den Pyrosomen oder Feuerwalzen, träge das Meer durchziehenden röhrenförmigen Kolonien von Tunicaten, hinsichtlich deren unsere Kenntnisse am schönsten abgerundet sind[16]). Jedes einzelne die Walze zusammensetzende Tier trägt in der Nähe der Ingestionsöffnung ein recht einfach gebautes scheibenförmiges Leuchtorgan, das sich aus ein bis zwei Lagen von mit Leuchtbakterien dicht gefüllten Zellen — Mycetocyten pflegen wir solche nach dem Vorschlag von Šulc zu nennen — zusammensetzt, zu denen keinerlei weitere Hilfseinrichtungen kommen. Wie die recht stattlichen Mikroorganismen das tierische Plasma allseitig durchsetzen, führt Abb. 1 a vor. Bei genauerem Zusehen aber fällt im geschlechtsreifen Tier auf, daß ein Teil der Bakterien in meist endständiger Sporenbildung begriffen ist, und es finden sich morphologische Hinweise dafür, daß diese kleinen ovalen Sporen die Wirtszelle verlassen (Abb. 1 b, c). Damit haben wir aber schon ein Stück der eigenartigen Übertragungsweise der Symbionten auf die Nachkommen kennengelernt. In jedem Pyrosomenindividuum reift, ähnlich wie bei fast allen Salpen, nur ein Ei heran. In dessen Follikel treten nun, vom Blutstrom hingetragen, die Sporen über, veranlassen die behaftete Zelle zu einer Teilung, durch die sie mit der einen Tochterzelle in den Raum zwischen Follikel und Ei weitergegeben werden. Gleichzeitig beginnen sie sich wieder zur alten Gestalt zurückzuentwickeln (Abb. 1 d, e). Auf solche Weise gelangt eine ganze Anzahl frisch infizierter Transportzellen, in denen sich die Symbionten auch wieder vermehren, nicht nur dicht an das Ei heran, sondern alsbald auch in den sich entwickelnden Keim selbst hinein. Die Pyrosomen gehören zu den wenigen Wirbellosen, deren Eier sich discoidal furchen. Schon während der ersten Furchungsteilung

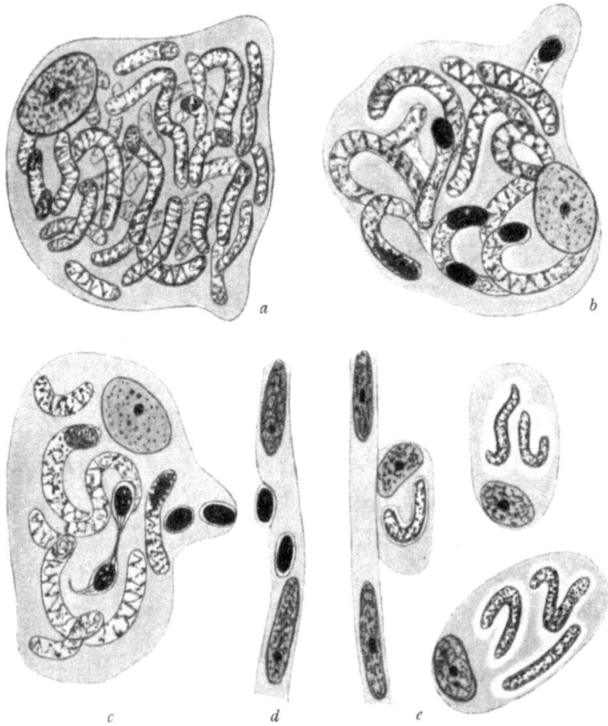

Abb. 1. Infizierte Zellen des Leuchtorganes von Pyrosoma. *b*, *c* Sporenbildung, *d*, *e* Infektion des Follikels. Nach Pierantoni.

drängen sich die ersten Vorposten zwischen die beiden Tochterzellen ein, und am Ende der Furchung ist die ganze scheibenförmige Anlage von solchen Mycetocyten, deren Zuzug noch lange andauert, durchsetzt (Abb. 2). Ohne auf die Einzelheiten der weiteren Entwicklung einzugehen, sei davon nur mitgeteilt, daß die Einwanderung der fremden Zellen, von denen sich im binokularen Mikroskop feststellen läßt, daß sie auch tatsächlich leuchten, so lange dauert, bis etwa 400 von ihnen übergetreten sind, und daß gleichzeitig der Embryo sich ungestört in der komplizierten Weise weiterentwickelt, die alsbald zur Bildung eines Stolos führt,

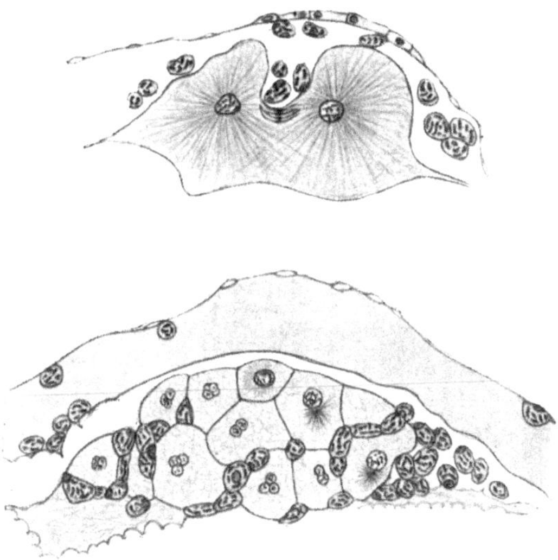

Abb. 2. Die symbiontenbeladenen Wanderzellen dringen während der Furchung in den Embryo von Pyrosoma ein. Nach Julin.

aus dem vier erste Individuen einer neuen Walze werden. Nichts von ungezügelter Invasion, nichts von einer sichtbaren Schädigung des Keimes, aber stets ein zeitlich, örtlich und quantitativ gleichbleibendes, streng gebundenes und harmonisches Sicheinfügen in die Entwicklung des Wirtes! Das überraschende Endresultat ist, daß die vier Paare von Leuchtorganen, die so entstehen und auf die sich die 400 Zellen gleichmäßig verteilen, gar nicht von jungem, vom Ei herzuleitendem Zellmaterial aufgebaut werden, sondern von mütterlichen Körperzellen. Erst wenn jetzt diese vier Erstlinge wieder auf ungeschlechtlichem Wege neuen Individuen der Kolonie den Ursprung geben, werden deren Leuchtorgane von embryonalen Zellen geliefert, die nachträglich von den Bakterien der ersteren besiedelt werden.

Soviel über den symbiontischen Zyklus, mit dem die Lebensgeschichte dieser Tunicaten durchflochten ist. Wir geben zu, er enthält, für sich betrachtet, viel Absonderliches; aber wir können ihm das durch den Vergleich mit anderweitigen Befunden leicht nehmen. Zunächst muß es wundernehmen, daß eine tierische Zelle eine solche Belastung mit fremden Mikroorganismen nicht nur aushält, sondern dabei keinerlei Symptome einer Schädigung aufweist. Widerspricht dies doch einer alten, zum Dogma gewordenen Auffassung, daß notwendig derartige fremde Invasionen einen Kampf auslösen, bei welchem dem tierischen Körper eine Reihe raffinierter Hilfsmittel zur Verfügung steht, und der mit der Niederlage des einen oder anderen Partners zu enden pflegt. Tausendfältig belehrt uns die Symbioseforschung, daß dem nicht so sein muß, sondern daß es daneben auch ein Sichineinanderfügen gibt, das zu einer schier unglaublichen Belastung bestimmter Zellen mit Bakterien, Hefen und anderen Pilzen führen kann. Einige wahllos herausgegriffene Beispiele mögen dies im Bilde belegen (Abb. 3).

Nicht minder alltäglich sind jeweils gesetzmäßige Übertragungseinrichtungen, die die Erscheinung noch weiter vom Parasitismus abrücken. Wir werden im folgenden noch des öfteren solche kennenlernen. Fast stets allerdings liegt dann eine Aufnahme von freien Symbionten, die also vorher ihre Wohnstätte verlassen haben, in die unentwickelte Eizelle vor. Aber auch die Infektion von Embryonen einerseits und die durch ganze intakte Somazellen andererseits steht nicht allein da. Bei der kleinen Gruppe der Aleurodiden sehen wir einzelne Mycetocyten sich aus dem vorher schon gelockerten Mycetom lösen, zwischen die Follikelzellen hindurchrücken und schließlich ebenfalls in gebundener Zahl in das Hinterende des Eies einsinken[17]) (Abb. 4).

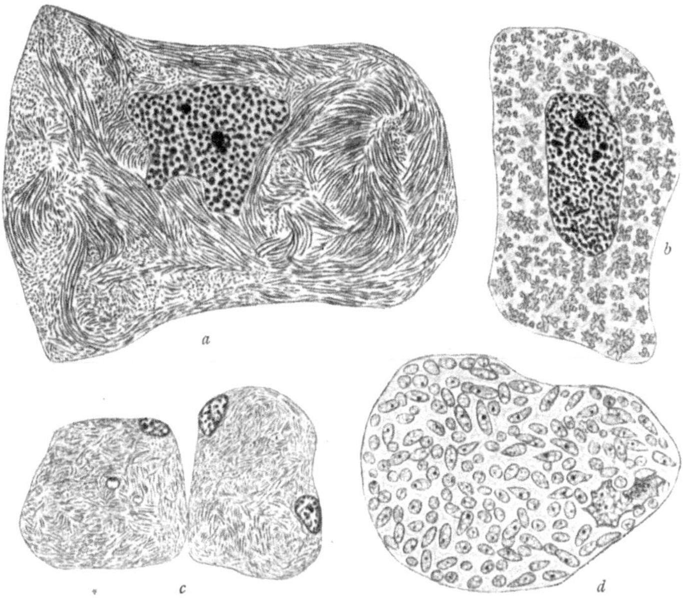

Abb. 3. Verschiedene Mycetocyten von Zikaden.
a Tettigoniella viridis (Bakterien), *b* Euacanthus spec., *c* Dictyophara europaea (Bakterien), *d*) Issus coleoptratus („Hefen"). Nach Buchner.

Hier trennt sich also sogar die Eizelle vom mütterlichen Körper gemeinsam mit einer Anzahl in ihr ruhender Körperzellen, die auf solche Weise gleich einem Explantat den Tod des Muttertieres überdauern können. Verfolgt man in diesem Fall ihr Schicksal weiter, so machen sie ebenfalls fast die ganze Embryonalentwicklung unversehrt mit durch, unterscheiden sich aber dadurch von den Pyrosomeninfektionszellen, daß sie schließlich, kurz bevor die Eischale verlassen wird, degenerieren und ihr Inhalt von embryonalen Zellen, die sich inzwischen rundum angelegt haben, übernommen wird (Abb. 5).

Auch für die Erscheinung, daß bei Pyrosoma nicht das Ei, sondern der Embryo infiziert wird, können wir, wie

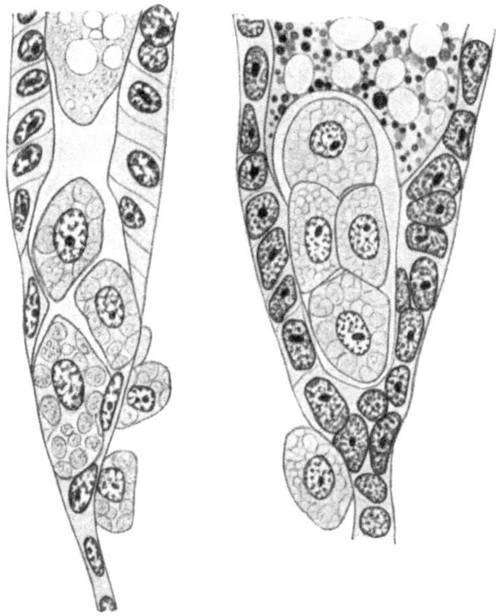

Abb. 4. Infektion des Aleurodeseies durch ganze Mycetocyten. Nach Buchner.

gesagt, anderweitige Parallelen anführen. Seit längerem wissen wir, daß die Sommereier der Blattläuse, die sich bekanntlich bereits im Mutterleib entwickeln, zunächst eine kurze sterile Phase der Entwicklung durchlaufen, bis die Symbionten am hinteren Ende des Embryos durch eine Lücke des Blastoderms in ein schon zu diesem Zweck bereitgestelltes Syncytium übertreten. Auch hier dauert ganz wie bei den Pyrosomen der Zustrom geraume Zeit an, und die Blattlaus entwickelt sich trotzdem ungestört weiter (Abb. 6)[18]).

Überraschen muß bei der Pyrosomensymbiose endlich,

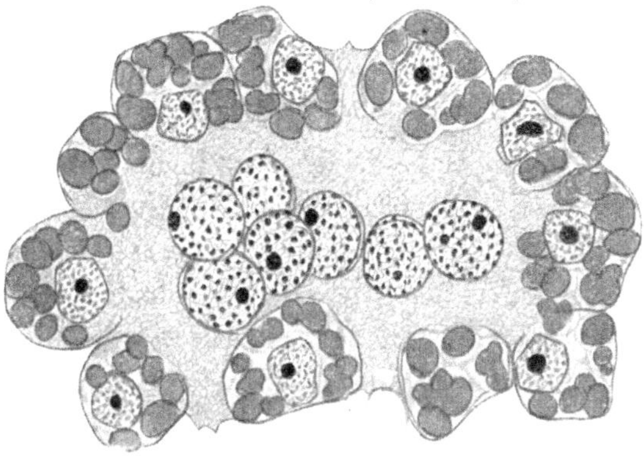

Abb. 5. Die Aleurodessymbionten werden von embryonalen Zellen übernommen. Nach B

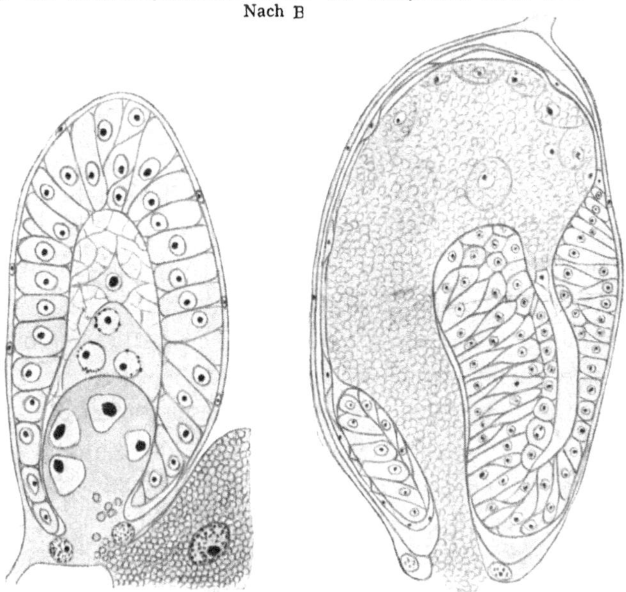

Abb. 6. Infektion des parthenogenetisch erzeugten Blattlausembryos. Nach Sell.

daß Wirt und Gast so innig aufeinander abgestimmt sind, daß der letztere zu rechter Zeit der Wanderung durch den Körper offenbar besonders günstige Sporen als eigene Transportstadien produziert. Aber auch dies können wir insbesondere dank unserer eingehenden Kenntnis der Zikadensymbiosen reichlich mit Vorkommnissen belegen, die zugleich in hohem Maße geeignet sind, uns von der Innigkeit der Wechselwirkungen den rechten Begriff zu geben[19]). Greifen wir ein Beispiel heraus: Paramesus und viele andere Jassinen besitzen paarige Pilzorgane — „Mycetome" —, in denen zwei verschiedene Symbionten leben, ein schlauchförmiger in einer nach drei Seiten ausgebildeten Rindenzone und ein rosettenförmiger, der die einkernigen mäßig großen Zellen in dem hiervon umschlossenen Bezirk dicht erfüllt (vgl. Abb. 3b). Wird ein Weibchen geschlechtsreif, so fallen an zwei bestimmten Stellen Veränderungen auf. Nach hinten und innen schwillt ein eigenartiger Hügel an, in dem allein sich nach der Spitze zu fortschreitend die langen Schläuche in Nester von gedrungenen und mehr rundlichen Formen umwandeln, um auf dem Gipfel des Hügels reif zu werden und nur hier ins Blut und zu den Eiern entlassen zu werden (Abb. 7a unten). Die zweite Symbiontensorte aber wandelt sich ebenfalls in einem beschränkten Bereich aus den sparrigen Zuständen in ovale Gebilde mit glatter Oberfläche um, wobei hier noch hinzukommt, daß die Elemente, in denen dieser Prozeß abgelaufen ist, sich aus dem Verbande des Organs lösen, um herauszukriechen, in der Nachbarschaft des Mycetoms zu zerfallen und den Inhalt dem Blutstrom zu übergeben (Abb. 7a, oben links).

In beiden Fällen fehlen diese eigenartigen Modifikationen der Symbionten, die offenkundig der Eiinfektion zweckdienlich sind, dem männlichen Geschlecht vollkommen

(Abb. 7 b), ja sie unterbleiben sogar, wenn parasitische Dipterenlarven zu einer frühzeitigen Kastration der Zikade geführt haben, auch im Weibchen! Wo immer bei den Zikaden diese beiden Symbiontensorten vorkommen, werden stets auch die spezifischen Transportformen aus ihnen gezüchtet. Wir greifen noch eine Schaumzikadenart heraus, um ihren mächtigen Infektionshügel und sein Fehlen beim Männchen zu illustrieren (Abb. 8).

Auch von Bakterien kennen wir entsprechende abermals auf das Weibchen beschränkte Infektionsformen, die hier die sonst langfädigen Symbionten in kleine Bündel kurzer Stäbchen vereint zeigen; daß unter den Schildläusen die Coccinen ähnliches bieten, sei nur der Vollständigkeit halber erwähnt[20]).

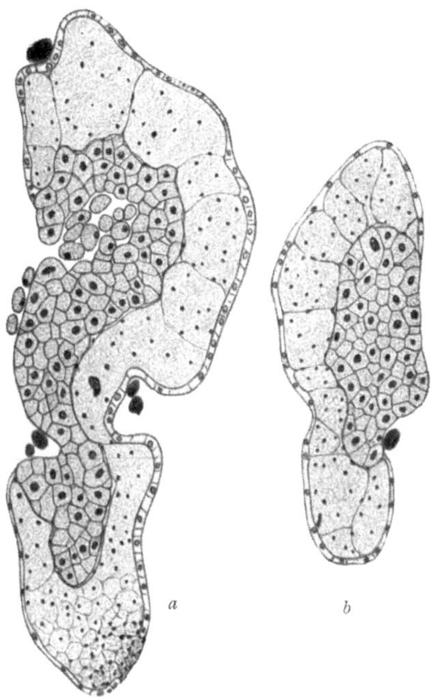

Abb. 7. Je eines der paarigen Mycetome eines weiblichen (*a*) und männlichen Paramesus. Nach Buchner.

Alle diese Fälle haben mit den Pyrosomen gemeinsam, daß der Symbiont besondere der Eiinfektion dienliche Transportformen bildet.

Die Pyrosomen sind nicht die einzigen lichtaussendenden Tunicaten. Sie teilen diese Fähigkeit mit den Salpen und Appendicularien, wohl auch mit Doliolum, über das wir in dieser Hinsicht nur wenig wissen. Es liegt nahe, bei ihnen ähnliche Einrichtungen zu suchen, aber nur die Salpen sind bisher ernstlicher von mir in Angriff genommen worden. Daß sie im Blut Zellen enthalten, die ganz die gleichen damals noch unverständlichen Einschlüsse besitzen wie die Leuchtzellen der Pyrosomen, war schon länger bekannt[21]),

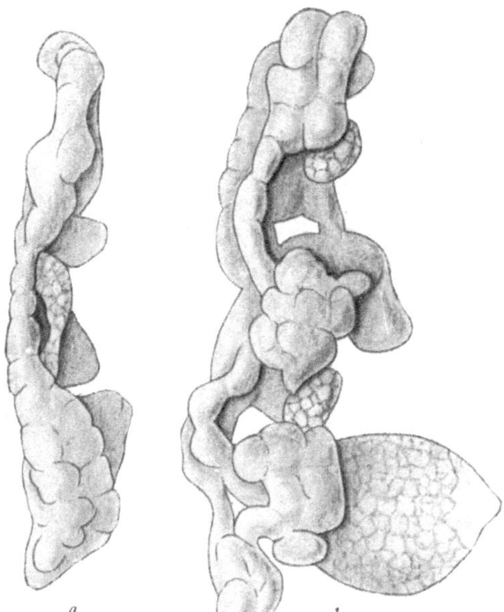

Abb. 8. ♂ (*a*) und ♀ (*b*) Mycetom von Aphrophora salicis. Total. Nach Buchner.

den symbiontischen Zyklus aber lückenlos aufzudecken, stößt hier auf ganz ungewöhnliche Schwierigkeiten, weil über die Entwicklung der Salpe selbst aus dem Ei noch keinerlei Klarheit besteht. Die zahlreichen Untersuchungen früherer Autoren sind voll von Unverständlichkeiten und Widersprüchen, die darin wurzeln, daß sehr frühzeitig eine Menge Follikelzellen sich zwischen die noch ganz spärlichen

Furchungszellen einzwängen, lebhaft vermehren und nach einigen sogar einen großen Teil des künftigen Tieres aufbauen. So viel steht jedenfalls nach meinen bisherigen Beobachtungen fest, daß hier nicht symbiontenbeladene Follikelzellen zur Übertragung verwendet werden, sondern diese pilzfrei bleiben, jene aber die Furchungszellen selbst infizieren. Ich gebe einen Schnitt durch ein 16-Zellen-Stadium

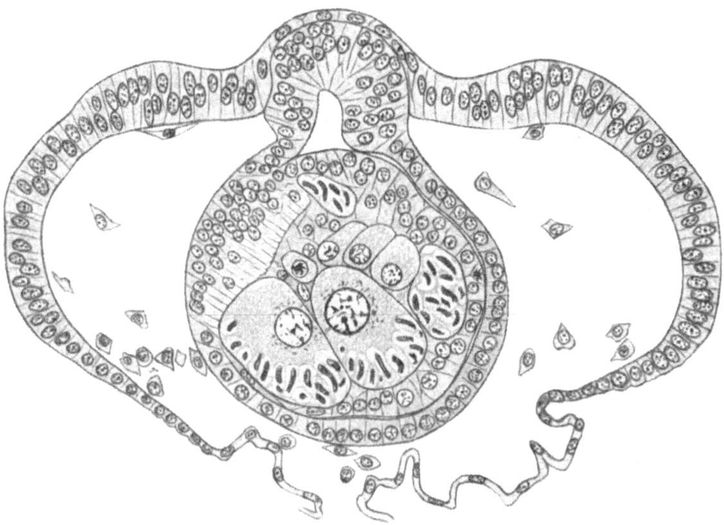

Abb. 9. Furchungsstadium von Cyclosalpa pinnata mit Follikelapparat. Original.

von Cyclosalpa pinnata, das einen Teil der behafteten Zellen erkennen läßt (Abb. 9). Die Salpen werden damit insofern zu einem Unikum, als sonst nirgends, soweit unsere Kenntnisse reichen, bei einem total sich furchenden Ei Blastomeren derart mit Symbionten belastet und damit als körperaufbauendes Material ausgeschaltet werden. Sind doch fast alle Objekte, bei denen wir Eiinfektionen kennen, solche, die sich superfiziell furchen, die also den Fremdlingen ohne weiteres Zellmaterial zur Verfügung stellen können, dessen Ausscheiden für die Entwicklung bedeutungslos ist. Die Furchung der Salpen aber verläuft, wie meine wie gesagt noch lange nicht abgeschlossenen Studien ergeben, ausgesprochen determiniert und bilateralsymmetrisch, und doch sind auf einem 16-Zellen-Stadium 10 Zellen von Leuchtsymbionten infiziert! Daß dieser ganz ungewöhnliche Zustand ebenso einzigartige Regulationen verlangt, liegt auf der Hand, und ich halte es daher für sehr wohl möglich, daß tatsächlich in weitgehendem Maße somatisches Zellmaterial als Ersatz für die infizierten Blastomeren herangezogen wird. Es wäre jedenfalls nicht das erstemal, daß das Zauberwort Symbiose den Schlüssel zum Verständnis rätselhafter entwicklungsgeschichtlicher Vorgänge darstellte[22]. Auf alle Fälle verspricht die weitere Untersuchung der Salpen noch recht interessante Aufklärung.

Auf völlig sicheren Boden begeben wir uns wieder, wenn wir uns nun einem ganz anderen Objekt zuwenden, gewissen oberflächlich lebenden, aber ganz den Habitus von Tiefseeformen besitzenden Fischen, die in den Atollen der Bandainseln leben. Anomalops und Photoblepharon tragen jederseits unter dem Auge ein stattliches Leuchtorgan von wesentlich komplizierterem Bau, das so intensiv leuchtet, daß es die Eingeborenen beim Fischen als Köder zu verwenden wissen (Abb. 10 a). Auf den ersten Blick besitzt das Organ den Charakter einer Drüse, denn im wesentlichen besteht es aus einer großen Zahl senkrecht zur Oberfläche gestellter Schläuche, die sich unter dieser in lakunenartige Räume öffnen, von denen Poren nach außen münden (Abb. 10 b). Hierzu kommen nun aber zum erstenmal noch einige weitere Hilfseinrichtungen, die einerseits die Wirksamkeit des Lichtes steigern, andererseits seinen Schein abblenden können.

Hinter der Masse der Schläuche breitet sich schalenförmig eine Reflektorschicht aus, und noch weiter rückwärts schließt ein Pigmentschirm ab. Dadurch, daß das ganze Organ von einem stielartigen Abschnitt getragen wird, kann es so gedreht und abgeblendet werden, daß das Licht mehr nach

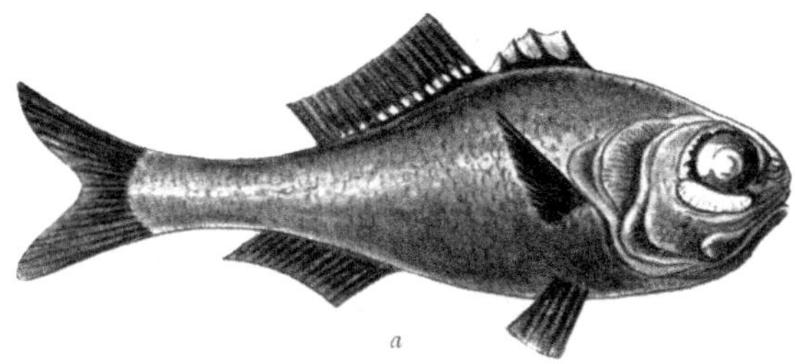

a

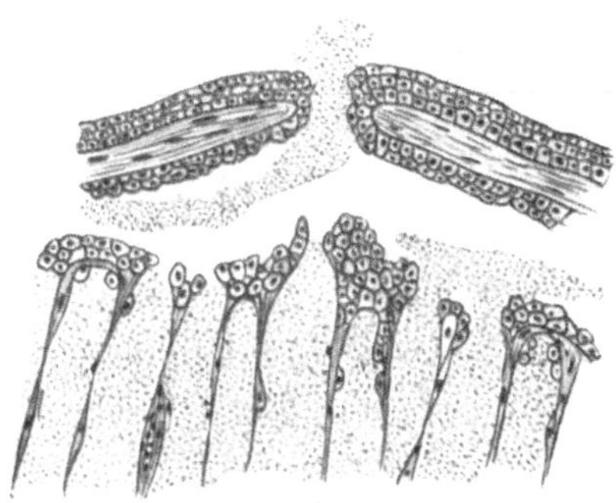

b

Abb. 10. Anomalops mit Leuchtorgan unter dem Auge. *b* Schnitt durch einen Teil des Organs. Nach Steche.

innen fällt. Uns interessiert der Inhalt der Schläuche, denn darüber, daß er die leuchtende Materie darstellt, besteht kein Zweifel. Nachdem man ihn bis vor kurzem für ein von den Wänden abgeschiedenes Sekret gehalten hatte, wissen wir heute, daß er aus Myriaden von Leuchtbakterien besteht.

Die entscheidenden Beobachtungen wurden hier sogar von einer Seite angestellt, die der Vorstellung einer Leuchtsymbiose zunächst nicht gewogen war und in ihr wohl auch heute noch nur eine seltene Ausnahme sieht. Zerzupft man die Organe in Seewasser, so werden die beweglichen Stäbchen in Menge frei, und diese Aufschwemmung verhält sich ganz wie eine solche von beliebigen anderen Leuchtbakterien. Das gleiche gilt von ihrem Verhalten gegenüber bakteriologischen Färbemethoden[23]).

Sicher ist etwas Derartiges nicht auf diese beiden Fische beschränkt, ja es liegt bereits eine Angabe vor, wonach ein anderer Forscher weitere entsprechende Feststellungen gemacht hat[24]). Bedauerlich aber ist, daß wir hinsichtlich der zahlreichen mit so mannigfachen Leuchtorganen ausgerüsteten Tiefseefische noch keinen Aufschluß geben können. Die reiche Literatur, die wir hierüber besitzen, selbst die prächtige Monographie Brauers, läßt uns im Stich, wenn wir uns über die Natur der Einschlüsse informieren wollen, die sich in den als leuchtend erkannten Zellen finden. Denn hierin unterscheiden sich ja die echten Tiefseefische von den obengenannten, daß ihre Organe nicht mehr den Drüsencharakter jener besitzen, sondern geschlossen sind und intracellular Licht erzeugen. Daß zugleich die Leuchtorgane jener Tiefseefische zum Teil noch viel komplizierter gebaut sind, insbesondere vielfach noch durch Linsen- und Spiegelbildungen bereichert werden, spielt bei der Beurteilung der Frage keine Rolle. Denn die Cephalopoden, mit denen wir uns jetzt befassen wollen, lehren uns, daß auch ein zweifelloser Symbiontenträger zu solchem histologischem Aufwand greifen kann.

Ähnlich wie bei den Fischen liegen die Dinge bei den Tintenfischen insofern, als bisher nur bei den mehr oberflächlich lebenden Formen, die die Gruppe der Myopsiden zusammensetzen, die symbiontische Lichtquelle klar zutage tritt. Andererseits ist die ganze Situation allerdings hier ungleich komplizierter, und manches bleibt, wie wir sehen werden, noch recht unklar und verlangt weitere Untersuchung. Wenn wir die Einrichtungen bei Loligo, Sepia, Sepietta, Rondeletia und Sepiola vergleichen, ordnen sie sich in eine aufsteigende Reihe von Komplikationen ein[25]. Ein überraschendes Ergebnis sei vorweggenommen. Die sogenannten akzessorischen Nidamentaldrüsen, die vor den eigentlichen Nidamentaldrüsen liegen und von denen man bis dahin angenommen hatte, daß sie wohl in ähnlicher Weise wie jene zum Aufbau der Eischale beitragen, stellten sich als bakterienbewohnte Pseudodrüsen heraus und bekamen damit bisher völlig unbekannte Beziehungen zu den Leuchtorganen dieser Gruppe. Loligo forbesi bietet die ursprünglichsten Zustände. Hier legen sich ausnahmsweise die akzessorischen Nidamentaldrüsen auch im männlichen Geschlechte, wenn auch in rudimentärem Zustand als ein Bezirk von Einstülpungen der Haut an und werden nachträglich offenbar von außen mit Bakterien besiedelt. Ob sie gelegentlich, etwa zur Brunstzeit, auch leuchten, wissen wir nicht. Bei den Sepien (Sepia elegans und officinalis) bleibt wie bei allen folgenden die akzessorische Nidamentaldrüse auf das weibliche Geschlecht beschränkt, die drüsenähnlichen Einstülpungen wachsen zu innig sich durchflechtenden Schläuchen aus, deren Lumen abermals Bakterienwohnstätten darstellt (Abb. 11 e). Zwei Momente kommen aber noch weiterhin als neu hinzu. Einmal kann man dreierlei Schläuche unterscheiden, die verschieden gefärbt sind — weiß, gelb und orange — und entsprechend viele Bakteriensorten in sich bergen, von denen aber nur eine, die in gelben Schläuchen, Licht aussendet, und weiter funktioniert dieses Organ zugleich als Übertragungseinrichtung. Diese „Drüsen“ liegen so, daß ihr Inhalt sich notwendig mit dem der eigentlichen Schalendrüse auf das zu

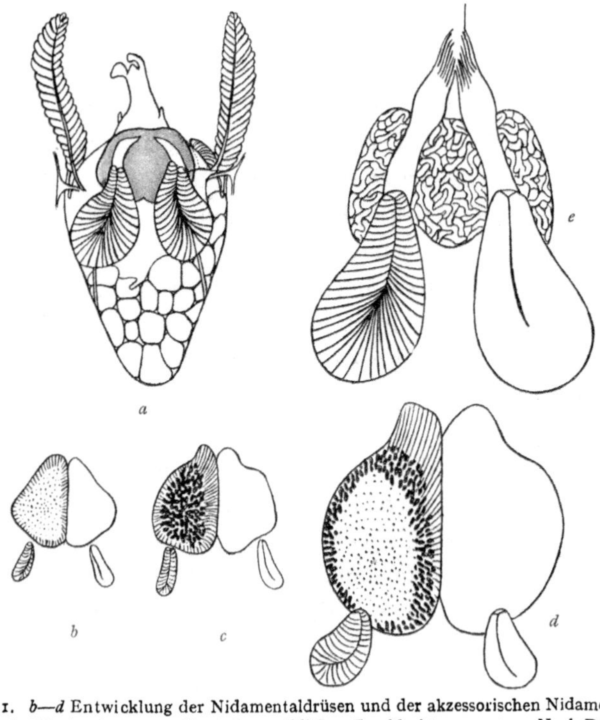

Abb. 11. *b—d* Entwicklung der Nidamentaldrüsen und der akzessorischen Nidamentaldrüsen bei Sepia elegans. *a* Situs des weiblichen Geschlechtsapparates. Nach Döring.

umhüllende Ei ergießen muß (siehe Fig. 11 a, e), und tatsächlich ließ sich zeigen, daß zwischen Ei und Schale und in den weicheren innersten Schichten derselben die gleichen Bakterien zu liegen kommen, die in dem Organ leben. Wie im einzelnen die Bakterien nun in den Embryo gelangen und an die endgültige Wohnstätte, ist noch nicht bekannt, aber daß an Stelle einer Eiinfektion hier eine Einrichtung zum Beschmieren der Eioberfläche tritt, steht außer Zweifel.

Sepietta obscura bedeutet nur insofern einen Fortschritt, als an Stelle des Durcheinander der drei Schlauchsorten eine räumliche Sonderung angebahnt wird.

Rondeletia minor aber gliedert den leuchtenden Abschnitt wesentlich schärfer ab, bildet ihn allein zum ersten Male auch im männlichen Geschlechte aus, dem — von Loligo forbesi abgesehen — sonst die Bakterienorgane abgehen, ohne daß

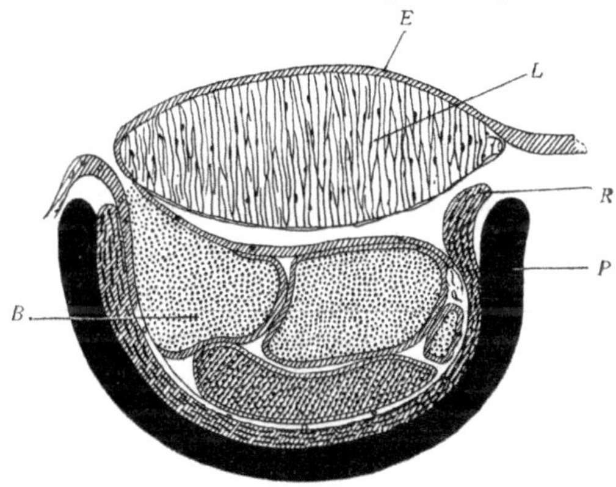

Abb. 12. Leuchtorgan von Sepiola intermedia. *B* Bakterien, *R* Reflektor, *P* Pigment, *L* Linse, *E* Haut. Schematisch. Nach Pierantoni.

wir wüßten, welches das Schicksal der Symbionten in den entsprechenden männlichen Embryonen ist, behält aber im übrigen die akzessorische Nidamentaldrüse als Übertragungsorgan im Weibchen bei. Auch histologisch wird das Leuchtorgan nun vervollkommnet, insbesondere die Bildung einer Linse eingeleitet, die dann bei Sepiola intermedia noch weiter verbessert wird, indem bei dieser Art die Austrittsstellen der Schläuche ihr ausweichen (Abb. 12).

Bisher hatte man nur wenig auf die Lichterscheinungen bei Sepioliden geachtet, wenn auch bereits entsprechende

Beobachtungen von seiten der Fischpraktiker vorlagen. Tatsächlich strahlen die Sepienweibchen, besonders zur Brunstzeit, auf der pigmentlosen Bauchseite ein Licht aus, das auch während der Begattung anhält.

Lassen schon die morphologischen Feststellungen an der weiten Verbreitung einer Leuchtsymbiose bei den Myopsiden keinen Zweifel mehr, so ist es doch sehr erfreulich, daß sich diesen auch bakteriologische Erfahrungen zugesellen. Nachdem schon alsbald nach der Entdeckung der Cephalopodensymbiose von italienischer Seite mit Erfolg leuchtende Reinkulturen gewonnen und als Ausgangsmaterial für eine Reihe spezieller bakteriologischer Fragestellungen benutzt worden waren, wurde in jüngster Zeit erneut von bakteriologisch wie serologisch gleichgeschulter Seite an die Untersuchung dieser Bakterien herangegangen[26]). Es bedeutete dies die völlige Bestätigung alles dessen, was wir oben auseinandergesetzt haben; tatsächlich liegen dreierlei Schläuche mit entsprechend vielen Symbiontensorten vor, die sich gesondert züchten ließen. Die orangefarbene stellt einen typischen Staphylococcus dar; zum Teil handelt es sich um eingeißelige Vibrionen (Abb. 13). Von den übrigen vielfältigen Aufschlüssen interessieren uns hier vor allem die sich auf die Innigkeit der Anpassung beziehenden. Die symbiontischen Bakterien sind spezifisch, kommen im Wasser und auf der Oberfläche der Tiere nicht vor und gedeihen auch im Versuch in solchen Medien nur schlecht. Der Wirtsorganismus aber vermag keinerlei agglutinierenden, komplementbildenden oder präcipitierenden Antikörper gegen die eigenen Symbionten zu bilden. Die verschiedenen aus der gleichen Art gezogenen Stämme haben sich endlich auch untereinander verglichen als jeweils spezifisch erwiesen.

Wir stehen hier also auf einem nicht minder sicheren

Boden als bezüglich der Pyrosomen und jener Fische, obwohl wir auch diesmal einer Reihe von Eigentümlichkeiten begegnet sind, die uns auf den ersten Blick in Erstaunen setzen müssen und über das hinausgehen, was wir bisher kennengelernt haben. Da ist vor allem des Umstandes zu gedenken, daß nicht ein Symbiont, sondern drei scharf auseinanderzuhaltende in jedem Tier in einem Organ friedlich vereint liegen und gemeinsam infizieren. Tatsächlich ist aber eine solche Steigerung der Symbiontenzahl, so überraschend sie scheint, gar nichts Besonderes. Wir kennen zahlreiche Insekten, besonders Zikaden, mit zwei, drei, ja vier verschiedenen Symbionten, die einander teils systematisch nahestehen, wie hier bei den Tintenfischen, wo alle drei Bakterien sind, teils ganz verschieden geartet sein können[27]). Was die Art der Lokalisation im Wirtsorganismus angeht, so wird entweder so vorgegangen wie bei den Cephalopoden, d. h. ein Organ vereint in verschiedenen Abschnitten die Sorten, oder diese sind auf räumlich getrennte Organe verteilt. Es würde zu weit gehen, die verschiedenen Typen im einzelnen hier aufzuführen. Wir können höchstens einige charakteristische Beispiele herausgreifen. Paarige Mycetome, in denen je drei Symbiontencorten scharf geschieden leben, haben z. B. manche Idioserusarten. Das in Abb. 14 wiedergegebene Mycetom einer

Abb. 13. Leuchtbakterien von Sepiola intermedia. Nach einem Präparat von Frl. Dr. Meissner.

solchen läßt eine mit Schläuchen besiedelte zu äußerst liegende Zone, eine darauffolgende mit Bakterien und eine innerste mit rosettenförmigen Pilzen erkennen. Organe mit zwei verschiedenen Komponenten haben sehr viele Zikaden (vgl. Paramesus Abb. 7), bei zahlreichen anderen kommt es auch vor, daß ein Symbiont ein geschlossenes Organ bewohnt, ein anderer das Fettgewebe durchsetzt. Meine eingehenden Studien an dieser Gruppe haben ergeben, daß insofern eine gewisse Ordnung besteht, als alle Cicadoidea die Tendenz haben, die Symbionten in ein Organ zu vereinen, alle Fulgoroidea umgekehrt sie nach Kräften auf oft weit auseinanderliegende Organe von recht verschiedenem Bau verteilen. Bei den letzteren erreicht auch die Vielzahl ihren Höhepunkt. Wer sich hierfür näher interessiert, den muß ich auf meine Zikadenstudie verweisen. Wer all die Mannigfaltigkeit, die in ihr dargestellt ist, in sich aufgenommen hat, der wird geneigt sein, auf dem Gebiet der Symbiose alles für möglich zu halten. Unsere einheimische Fulgora europaea z. B. besitzt ein paariges, wurstförmiges, pilzbewohntes Organ, ein weiteres, unpaar entwickeltes, bakterienhaltiges und ein ganz seltsames, drittes, das tief in den Enddarm eingesenkt ist. Ein ähnliches kehrt auf Abb. 15 (oben) wieder, die auch dreierlei Mycetome, aber in anderer Kombination von Kelisia darstellt. Bei Oli-

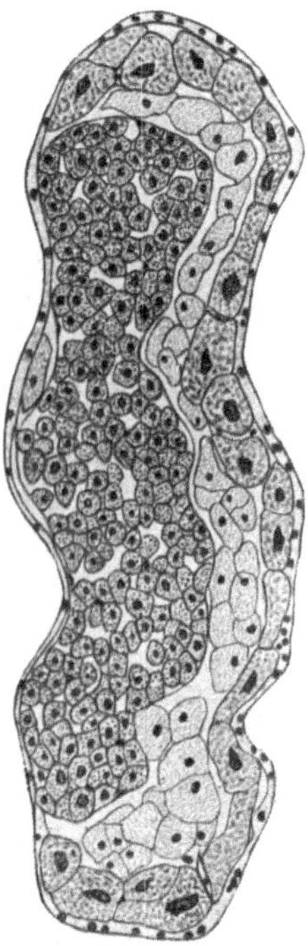

Abb. 14. Mycetom von Idiocerus mit drei verschiedenen Zonen für dreierlei Symbionten. Nach Buchner.

arius, ebenfalls einer Fulgoride, steigt die Zahl der auf räumlich gesonderte Mycetome verteilten Symbiontensorten vollends auf vier, ja bei all diesen Formen kommt noch ein Moment hinzu, das zwar die Mycetomzahl, aber nicht die der Symbionten im weiblichen Geschlecht jeweils um eins steigert. Es hat sich nämlich herausgestellt, daß jene eigenartigen Rectalorgane lediglich im weiblichen Geschlecht vorkommen, dem Männchen aber fehlen, obwohl ihre Einwohner alle Eier infizieren. Die Lösung des Rätsels ist die, daß diese sich im männlichen Embryo alle zu höchst eigenartigen Riesenformen einwikkeln, denen ein eigenes Organ angewiesen wird, im weiblichen Embryo jedoch nur zum Teil diese Entwicklungsrichtung einschlagen, zum anderen aber ursprünglicher bleiben, das Rectalorgan beziehen und von hier aus allein infizieren[28]).

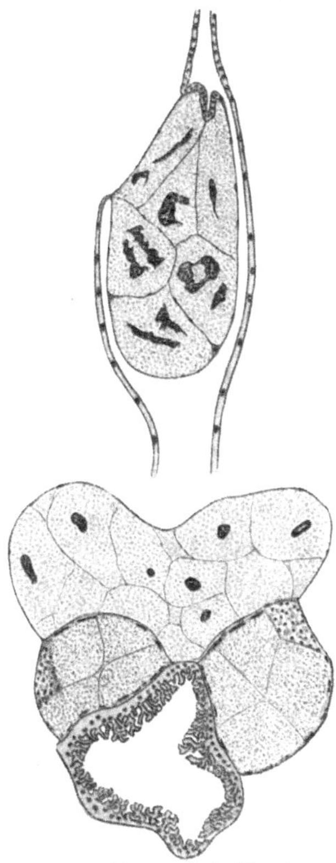

Abb. 15. Dreierlei gesonderte Mycetome (darunter ein Rectalorgan) von Kelisia. Nach Buchner.

Es liegen also damit zugleich, wenngleich lockere, weitere Parallelen zu den Cephalopodensymbiosen vor, da ja in beiden Fällen sich die Symbionten in männlichen und weiblichen Embryonen verschieden verhalten und die beiden Geschlechter hinsichtlich der Zahl ihrer symbiontischen Organe Unterschiede aufweisen.

Von Zikaden abgesehen finden wir, wie unveröffentlichte, in meinem Institut angestellte Untersuchungen ergeben haben, auch bei einer Reihe von Blattläusen neben den üblichen Symbionten in besonderen Zellen faden- bis

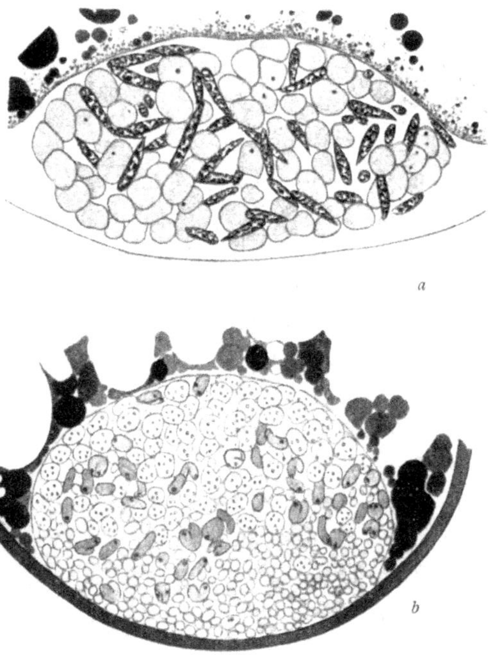

Abb. 16. Eiinfektion (Endstadium) durch mehrere Symbionten. *a* Solenocephalus griseus, *b* Cixius pilosus. Nach Buchner.

stäbchenförmige Organismen[29]). Endlich sei noch auf das Vorhandensein zweier Bakteriensorten in den Darmausstülpungen von Dacus, der Olivenfliege, hingewiesen.

Bei allen diesen symbiontenreichen Tieren wird, wie bei den Tintenfischen, dafür Sorge getragen, daß von jeder Symbiontensorte Vertreter ins Ei geschickt werden. Aus verschiedenen Regionen des Körpers werden sie gleichzeitig zu den Eiern getragen, von bestimmten Follikelzellen in beschränkter Zahl aufgenommen und an die Eizelle weitergegeben, wo sie dann meist durcheinandergewürfelt, manchmal auch bis zu einem gewissen Grade geordnet am hinteren

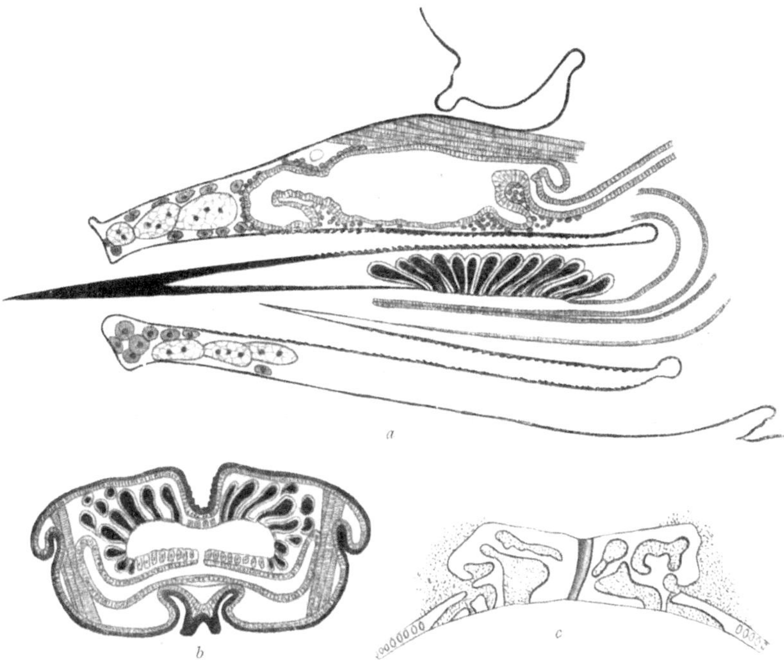

Abb. 17. Beschmiereinrichtungen am Legeapparat des Dacus-Weibchens. *a* Legeapparat im Längsschnitt, *b* im Querschnitt (die bakteriengefüllten Säcke schwarz), *c* Mikropyle mit Bakterien. Nach Petri.

Pol liegen und der Embryonalentwicklung zu harren pflegen (Abb. 16).

Aber nicht nur die Vielzahl der Symbionten und ihre gemeinsame Vererbung läßt sich leicht anderweitig belegen, sondern auch die spezielle, von der typischen Infektion der unentwickelten Eizelle abweichende Art und Weise derselben. Wir kennen eine Reihe weiterer derartiger

„Beschmiereinrichtungen", am längsten und besonders schön von der eben schon genannten Olivenfliege[30]). Sie hat als Imago ihre Bakterien im Lumen einer unpaaren Ausstülpung des Pharynx im Kopfe sitzen, also weit weg von den Ovarien. Das Weibchen aber greift zu dem Ausweg, am Enddarm dicht vor der Einmündung des Eileiters eine Anzahl „Drüsen" zu entwickeln, die tatsächlich nichts anderes sind als bakteriengefüllte Säcke, die jedem hinabgleitenden Ei auf die Mikropylenplatte eine Portion von ihrem Inhalt mitgeben, der von hier in den Embryo übertreten kann (Abb. 17). In der Folge ließen sich bei Anobien (holzfressenden Käfern) ebenfalls „Anhangsdrüsen" am Geschlechtsapparat des Weibchens als hefengefüllte Beschmiereinrichtungen verständlich machen, die hier so funktionieren, daß die höckerige Eischale besudelt wird, die Larve bis zum Ausschlüpfen steril bleibt, hierbei aber ein Stück Eischale samt den Keimen auffrißt[31]). Unveröffentlichte Studien an einer Reihe weiterer holzfressender Käfer[13]) haben gezeigt, daß prinzipiell ganz ähnliche Einrichtungen noch weiter verbreitet sind (Abb. 18). Auch der Übertragungsmodus bei den symbiontischen Bakterien der Heteropteren gehört offenbar hierher[32]). Es ergibt sich eben ganz allgemein, wenn man alle diese Fälle überschaut, daß Eibeschmierung in irgendeiner Form offensichtlich dann gewählt wird, wenn die Symbionten entweder frei im Lumen von Körperhöhlungen leben (Dacus, Heteropteren, Cephalopoden) oder zwar in Wirtszellen hausen, aber doch nur solchen, die ganz ähnlich anmutende Darmausstülpungen aufbauen (Anobiinen, Cerambyciden u. a.). In beiden Fällen bestehen offenbar große Schwierigkeiten gegenüber einer ovarialen Infektion[33]).

Bezüglich der typischen Tiefseecephalopoden liegen die

Dinge ähnlich wie bei den Tiefseefischen. Die Leuchtorgane steigern ihre Hilfseinrichtungen vielfach beträchtlich, der Charakter einer offenmündenden Drüse wird aufgegeben und die leuchtende Materie liegt intracellular. Soweit man sie bis jetzt unter dem neuen Gesichtspunkt genauer untersucht hat, hat man an Stelle der bei den Myopsiden so deutlichen Stäbchen und Kokken kleinste Einschlüsse von granulärem Charakter gefunden, deren sichere Identifikation auf große Schwierigkeiten stößt. Natürlich fällt es schwer, bei zwei so nahestehenden Gruppen, wie den Myopsiden und Oigopsiden, eine ganz verschiedene Art der Lichtproduktion anzunehmen, und der Gedanke, daß es sich hier um Mikroorganismen handeln könnte, die im Zusammenhang mit dem binnenzelligen Sitz sich in gesteigertem Maße angepaßt, d. h. sich in kleinste Zustände von sehr zartem Bau und hochgradiger Transparenz umgewandelt haben, liegt dem Symbioseforscher näher. Wir wollen später nochmals auf diese Möglichkeit, die uns eine sichere Begrenzung der Leuchtsymbiose wenigstens für die nächste Zeit sehr

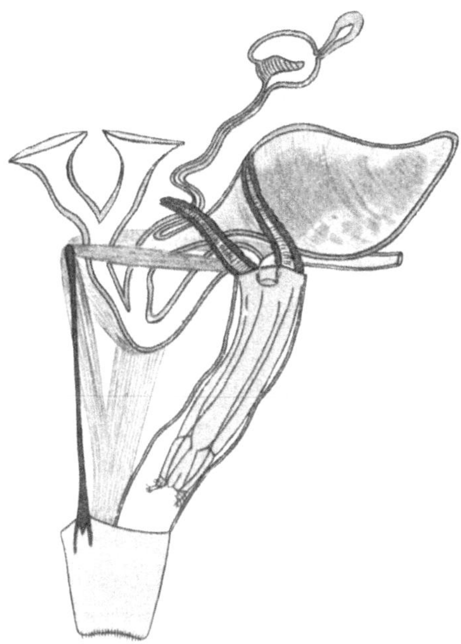

Abb. 18. Beschmiereinrichtung am Legeapparat eines Bockkäfers. Die betreffenden Einstülpungen sind dunkler gezeichnet. Nach Stein.

erschweren würde, zurückkommen, hier nur noch darauf hinweisen, daß schon bei einer als Tiefseeform lebenden Sepiolide, Heteroteuthis, diese Schwierigkeit in der Definition der leuchtenden Materie eintritt, obwohl hier das Leuchtorgan ganz nach Sepiolidenweise gebaut ist und die fraglichen Gebilde ganz ähnlich das Lumen der Schläuche erfüllen und als feuriger Nebel ins Wasser ausgestoßen werden[34].

Da die Oigopsideneier keine harte Schale besitzen und im Zusammenhang damit nicht nur Nidamentaldrüsen, sondern auch akzessorische Nidamentaldrüsen fehlen, müßte die Infektion jedenfalls andere Wege beschreiten. Den Spiruliden sind akzessorische Nidamentaldrüsen eigen und, wenn die Auffassung Chuns von dem rätselhaften endständigen Organ die richtige ist, auch ein besonderes Leuchtorgan[35]. Wir werden sie also jedenfalls auch unter die Symbiontenträger rechnen dürfen.

Die Fälle von einwandfreiem Leuchtsymbiosenachweis gehen zu Ende. Als Objekt, bei dem eine solche noch außerordentlich wahrscheinlich sein dürfte, sei noch ein kleiner Oligochät, Microscolex phosphoreus, herangezogen, an dem neuerdings darauf gerichtete Untersuchungen angestellt worden sind[36]. Es handelt sich um ein Tier, das nach Art der Regenwürmer in der Erde lebt und nicht nur selbst am ganzen Körper leuchtet, sondern auch einen leuchtenden Schleim beim Kriechen hinterläßt, bei dem also keine spezifischen Organe vorhanden sind, sondern ein eventueller Symbiont die Gewebe diffus durchsetzen müßte. Tatsächlich haben sich entsprechend verteilte Nester von Bakterien in Menge feststellen lassen, die in anderen Oligochäten fehlen, so daß einen Zusammenhang zwischen beiden isolierten Vorkommnissen anzunehmen sehr naheliegt, wenn wir auch zugeben müssen, daß ein strikter Beweis noch aussteht. Daß die Oligochäten an sich zur symbiontischen Einbürgerung von Bakterien neigen, geht aus einer demnächst erscheinenden, in meinem Institut angestellten Studie über die Nephridien der Lumbriciden und Glossoscolecinen hervor. Bei den ersteren ist stets ein Wandbelag von Bakterien in den Ampullen der Exkretionsorgane vorhanden, bei letzteren leben die Symbionten außerdem auch innerhalb der Wirtszellen. Diese zweifellosen Bakterien haben mit den Bakteroiden der Anneliden, die ebenfalls verschiedentlich für Bakterien erklärt worden sind, in Wirklichkeit aber offenkundige Stoffwechselprodukte des Wurmgewebes von oft krystalloidem Bau sind, nichts gemein[37]).

Weiterhin wären an dieser Stelle die Ctenophoren zu nennen. Ich habe mich bereits vor längerer Zeit dahin ausgesprochen, daß entsprechend den acht leuchtenden Doppelstreifen einer Beroe sich Zellreihen unterscheiden lassen, deren Inhalt ganz den Eindruck dichtgedrängter Bakterienmassen macht, und neuerdings hat sich Pierantoni wiederum den Rippenquallen zugewendet und ist zu einem entsprechenden Ergebnis auch an anderen Formen gelangt. Trotzdem möchte ich vorsichtig sein und hier nicht von völlig gesicherten Fällen reden[38]).

Das gleiche gilt leider auch von dem Objekt, über das wir vor allem gerne Auskunft geben würden und das von Pierantoni als erstes für einen Leuchtsymbiontenträger erklärt worden war, die Lampyriden[39]). Der Umstand, daß die Eier der Leuchtkäfer schon im Ovarium leuchten, — bei den Ctenophoren leuchten frühe Entwicklungsstadien —, spricht immerhin sehr beredt für eine symbiontische Grundlage dieser Lichterscheinung, die in so märchenhafter Weise unsere Sommernächte durchirrt.

An solche unsichere Fälle aber schließt sich ein Heer von Objekten an, deren Leuchten auf eine eventuelle symbiontische Unterlage überhaupt noch nicht oder nicht genügend geprüft worden ist. Kennen wir doch weiterhin leuchtende Protozoen, Schwämme, Polypen, Medusen, Pennatuliden, Bryozoen, andere Polychäten, Mollusken, Ophiuren, Crustaceen, Myriapoden, Enteropneusten und Appendikularien. Die Aufgabe, die damit ersteht, ist groß und wir sind noch weit von einem Abschluß entfernt. Gilt es doch, einmal bei all diesen Objekten definitive Klarheit über den Sitz der Leuchterscheinung zu schaffen, die wir keineswegs überall besitzen und die zu gewinnen in manchen Fällen gar nicht leicht ist, und dann die leuchtende Materie darauf zu prüfen, ob sie ein tierisches Zellprodukt, ein Leuchtsekret darstellt oder tatsächlich aus Mikroorganismen besteht. Erst dann werden wir klar die Grenze des Symbioselichtes ziehen können.

Trotzdem ist es natürlich erlaubt, uns schon jetzt darüber Gedanken zu machen, ob es überhaupt eine solche Grenze gibt, und wie sie wohl verlaufen möge. Dafür, daß die Erscheinung weiten Umfang besitzt, spricht von vornherein eine ganze Reihe von Gründen. Einmal ist die Natur der sicheren Fälle eine sehr heterogene. Ganz verschiedene Tiergruppen (Tunicaten, Mollusken, Wirbeltiere und mit einiger Einschränkung wohl auch Anneliden und Cölenteraten) haben solche geliefert. Und weiterhin ist der Sitz des Leuchtvermögens ein entsprechend mannigfacher. Einfache Zellansammlungen mit intracellularen Symbionten und Organe, bei denen die Bakterien im Lumen von Einstülpungen leben, und die verschieden weitgehend mit Hilfsapparaten ausgerüstet sind, waren neben diffuser Invasion vertreten.

Ein weiteres Moment, das zu denken gibt, bedeutet die häufige Erscheinung, daß bei Leuchttieren, von denen wir noch nichts über ein Symbioselicht wissen, bereits die Eizellen oder wenigstens sehr frühe Entwicklungsstadien Licht auszusenden vermögen, ohne über die künftigen Leuchtorgane zu verfügen. Es ist klar, daß wir nach dem, was wir von den Übertragungseinrichtungen der Symbionten wissen, ganz allgemein daraus den Schluß zu ziehen geneigt sind, daß auch hier jeweils diese frühe Lichterzeugung auf eine Infektion hindeutet.

Vertieft man sich weiter in den ganzen Komplex von Erscheinungen, so muß das planlose Auftreten des Leuchtvermögens bei den Tieren auffallen, das bei einer symbiontischen Basis sehr wohl verständlich wird. Die einen verfügen darüber, den nächsten Verwandten aber geht es oft ab, obwohl die Lebensbedingungen ganz die gleichen sind. Beziehungen zwischen Biolumineszenz und System sind kaum vorhanden und innerhalb einer Tiergruppe ist der Bau und der Sitz der Organe oft ein völlig verschiedener. Nur eine Regel können wir aufstellen: die Häufigkeit der Erscheinung deckt sich deutlich mit der von Leuchtbakterien, denn wie im Süßwasser Leuchtbakterien und leuchtende Tiere fehlen, so ist das Meer die wahre Heimat beider. Auch die Möglichkeiten eines Zusammentreffens der zwei Partner sind hier ganz außerordentliche. Wie häufig im Meer saprophytische Leuchtbakterien sind, lehrt die alte Erfahrung, daß die verschiedensten Seetiere, Mollusken, Echinodermen, Krebse, Fische usw., die man einige Zeit tot aufbewahrt, ein postmortales Leuchten zeigen, das auf die bei Lebzeiten vereinzelt und dem Tiere äußerlich anhaftenden Keime zurückzuführen ist. Wie insbesondere die Fische, die von einem Markttag zum anderen in den Gewölben einer italienischen Pescheria aufbewahrt werden, samt und sonders des Nachts magisch glühen, hat Molisch einmal geschildert[40]).

Aber es gibt nicht nur saprophytische, auf dem toten Tier erst sich ausbreitende und mit dem Einsetzen fortgeschrittener Zersetzung schwindende Leuchtbakterien, sondern auch solche, die zu parasitischer Lebensweise übergehen. Unter den am Strande des Meeres in Menge herumhüpfenden Flohkrebsen (Talitrus) kann man gelegentlich ein am ganzen Körper leuchtendes Tier finden. Bei genauerem Zusehen stellt sich dann heraus, daß solche Tiere krank sind und in Bälde sterben. Mit ihrem leuchtenden Blut aber kann man jederzeit andere Artgenossen infizieren, wenn man nur einen an der Spitze abgeschnittenen Fühler in dieses taucht, und damit zu allmählichem Leuchten und Absterben bringen[41]). Weiterhin hat man mehrfach Zweiflügler der Gattung Chironomus, die sonst nicht leuchtet, in Scharen leuchtend und sterbend gefunden und eine ähnliche Bakterieninfektion konstatiert. Andere Fälle von gelegentlichem Leuchten der Regenwürmer, Maulwurfsgrillen usw. werden sich auf gleiche Weise erklären. Endlich liegen Versuche vor, künstlich Tiere mit Leuchtkulturen zu infizieren, was bei Wirbellosen und bei kaltblütigen Wirbeltieren gelingt und zum Teil Krankheitserscheinungen und Tod im Gefolge hat, zum Teil leichter ertragen wird[42]).

Das alles sind Tatsachen und Überlegungen, die uns zum mindesten das häufige Zustandekommen einer Leuchtsymbiose begreiflich, ja sogar wahrscheinlich machen müssen. Wenden wir uns aber der Frage der engeren Umgrenzung der Erscheinung zu, so müssen wir zunächst auf eine wesentliche Schwierigkeit hinweisen, die Zweifel daran aufkommen läßt, ob wir wohl überhaupt in absehbarer Zeit auf morphologischem Wege einen sicheren Entscheid hierüber werden treffen können und nicht in einer Reihe von Fällen notwendig kaum über Vermutungen hinauskommen werden, nämlich die, kleinste kokkenförmige, symbiontische Bakterien einerseits und echte Zellprodukte anderseits auseinanderzuhalten[43]). Gewisse Erfahrungen der Bakteriologen lassen es ja tatsächlich möglich erscheinen, daß ein Bacterium sich in kleinste Körperchen, wie sie leuchtende Zellen unter Umständen erfüllen, aufzuteilen vermag. Dazu kommt, daß sich überhaupt augenblicklich da und dort die Tendenz bemerkbar macht, die scharfen Grenzen zwischen symbiontischen Mikroorganismen und Zellprodukten zu verwischen. Altmanns Granulalehre deutete schon nach dieser Richtung und neuerdings wird insbesondere für die Mitochondrien, die ja zum guten Teile auch jenen Granulis entsprechen, von einigen Autoren die Auffassung vertreten, sie seien letzten Endes nichts anderes als innigst in den höheren Organismus eingefügte und nur hier noch lebensfähige symbiontische Bakterien. Meves hat bereits gelegentlich solchen Ideen Worte verliehen, vor allem aber haben sie Portier in Frankreich und Wallin in Amerika vertreten. Auch Pierantoni, dem wir so wertvolle Untersuchungen über echte Symbiosen verdanken, neigt entschieden zu ähnlichen Vorstellungen[44]). Es ist klar, daß wir damit plötzlich überhaupt den festen Boden unter den Füßen verlieren würden, und es scheint uns im Interesse einer gedeihlichen Entwicklung der Symbioseforschung nötig, einer solchen Verwässerung des Bakterienbegriffes entgegenzutreten, und auf die zweifellos stets bestehenden Unterschiede zwischen den beiden Strukturen hinzuweisen, wie dies auch bereits mehrfach geschehen ist. Lassen sich doch unter Umständen sogar in derselben Zelle verschieden gefärbt beiderlei Einschlüsse nebeneinander nachweisen[45]). Andererseits müssen wir gestehen, daß gerade bei einer Reihe von Leuchtorganen die Dinge insofern ähnlich liegen, als in ihnen kleine Einschlüsse vorhanden sind, die wir für lichtaussendend halten müssen und bei denen der Entscheid, ob Organismus oder Zellprodukt, große Schwierigkeiten macht. Wenn uns dies auch lediglich ansporen darf, sichere Kriterien und Methoden zu erarbeiten, die gestatten, diese Schwierigkeit aus der Welt zu räumen, so bilden doch solche Vorkommnisse immerhin für den, der mit den Methoden des Morphologen die Grenze des Symbioselichtes festlegen will, augenblicklich eine nicht zu überschreitende Schranke.

Kann uns nun hier vielleicht die physiologische Betrachtung des Organismenlichtes weiterhelfen? Bisher handelte es sich um zwei Arbeitsweisen, deren jede für sich ihren Zielen zustrebte; ja es hat den Anschein, wie wenn die physiologisch orientierten Erforscher der Biolumineszenz eine gewisse Abneigung gegen die Symbioseidee hätten. In Wirklichkeit muß natürlich jede Richtung ihre Resultate an denen der anderen messen und sich zur Aufgabe machen, sie zur Deckung zu bringen. Nahezu alles ist hier noch zu tun. Das physiologische Studium der tierischen Lichterscheinungen wird durchaus von der wichtigen Entdeckung Dubois' beherrscht, daß es eine eiweißartige, wärmebeständige Leuchtsubstanz gibt, die von der Zelle produziert wird, sie aber zu überdauern vermag und artspezifisch ist, „das Luciferin", und daß diese zum Aufleuchten gebracht wird, wenn ein durch Wärme zerstörbares oxydierendes Ferment, die „Luciferase" hinzutritt[46]).

Sollte vielleicht der Nachweis dieser beiden Körper als bequemes Kriterium eines echten tierischen Leuchtens dienen können? Manche scheinen dieser Meinung zu sein, aber tatsächlich liegt hierfür nach unserer Meinung zur Zeit kein Beweis vor. Luciferin und Luciferase sind bisher bei den leuchtenden Insekten, bei Pholas (der Bohrmuschel), Cypridina (einem Muschelkrebs), Odontosyllis (einem Polychaeten) und Ptychodera (einem Enteropneusten) nachgewiesen worden. Bei Noctiluca, Medusen, Pennatuliden, Ctenophoren, Chaetopterus und den Fischen Anomalops und Photoblepharon aber konnte ihr Vorhandensein nicht dargetan werden. Auch bei den Bakterien gelang es zwar nicht in einwandfreier Weise, aber man hat den Eindruck, daß diese Substanzen eben in hohem Grade artspezifisch sind, und daß der Technik ihres Nachweises wechselnd große Schwierigkeiten im Wege stehen. Liegen doch bei den letzteren die Dinge so, daß Harvey ein unreines Luciferin aus ihnen darstellen konnte, das er mit Leuchtkäferluciferase zu schwachem Leuchten brachte, während ihm die Darstellung der Bakterienluciferase noch nicht gelang[47]).

Wir kommen also zu dem Schluß, daß wir auf keinen Fall etwa den Leitsatz aufstellen dürfen, daß echtes tierisches Licht auf dem Zusammentreffen von Luciferin und Luciferase beruht, entsprechende Stoffe aber den Bakterien und dem Symbiontenlicht abgehen.

Vielfach hat man auch darauf hingewiesen, daß zwischen Bakterienlicht und tierischem Licht insofern ein Unterschied besteht, als das erstere kontinuierlich, das letztere intermittierend, d. h. vom Nervensystem des Tieres abhängig ist. Auch Harvey betont ihn, wenn er in dem kontinuierlichen Leuchten der mehrfach genannten Fische schon einen eindeutigen Hinweis auf das Vorhandensein symbiontischer Bakterien sieht. Aber sicher mit Unrecht, denn diesen Tieren stehen vor allem die Pyrosomen gegenüber, an deren Unvermögen, von sich aus zu leuchten, nicht der geringste Zweifel bestehen kann, und die doch aufs schönste typisches intermittierendes Licht aussenden, d. h. normalerweise dunkel sind, auf die verschiedenste Weise, sei es mechanisch, chemisch, elektrisch oder durch Licht gereizt, aber mit Aufleuchten antworten. Dabei breitet sich in charakteristischer Weise das Licht allmählich über die Kolonie aus, bald nur von einer Reizstelle ausgehend, und nach dem anderen Ende laufend, bald zwei aufeinander zulaufende Stöme bildend oder von einem mittleren Punkte nach beiden Enden eilend, wie wenn ein Lämpchen sich an dem anderen entzünden würde. Erfreulicherweise sind wir gerade bei diesem Tier nicht nur über den symbiontischen Zyklus, sondern auch über das Verhalten der Lichterscheinungen gleich gut unterrichtet, und wir können an ihm die Tiere messen, über deren Lichtquelle wir noch im unklaren sind[48]). Tun wir das aber, so finden wir auf Schritt und Tritt weitgehende Übereinstimmungen. Nicht nur daß die lichterregenden Reize jeweils dieselben sind, auch die Art ihrer Ausbreitung deckt sich zum Teil bis ins kleinste. So läuft der Lichterreigen in ganz der gleichen Weise auch über eine Pennatulakolonie hin, und entzündet sich ein Microscolex phosphoreus allmählich von den Enden her.

Wenn auch den Bakterien unter gewöhnlichen Bedingungen ein kontinuierliches Licht eigen ist und sie es im Körper eines tierischen Wirtes nicht nur als Parasiten, sondern auch als Symbionten beibehalten können, so müssen sie es also doch keineswegs und ihr Vorhandensein schließt nicht im geringsten die Kriterien eines „Reizlichtes“ aus. Wie dieses dann zustande kommt, scheint uns klar auf der Hand zu liegen. Schon die freien Bakterien leuchten ja nur bei Vorhandensein von Sauerstoff, und es genügen minimale Mengen, um infolge Sauerstoffmangels dunkle Kulturen einen Augenblick aufblitzen zu lassen. In ganz ähnlicher Weise übernimmt offenbar der tierische Wirt die nötige Sauerstoffzufuhr und bläst, durch Reizung zu beschleunigter Atembewegung veranlaßt und den Reiz bei Kolonien allmählich von Tier zu Tier weiterleitend, das Licht gewissermaßen an. Bei genauem Zusehen kommt aber auch da und dort zu allem Überfluß neben dem „Gebläselicht" ein wenn auch nur schwachglimmendes Dauerlicht vor und verwischt den Gegensatz vollends. Es handelt sich dann um schlafende, erschöpfte oder absterbende Tiere, die also nur träge Atembewegungen oder gar keine mehr machen. Interessanterweise ist eine solche Zwiegestalt des Lichtes wiederum sowohl bei dem sicheren Symbiontenträger Pyrosoma als auch bei Ceratium, Noctiluca, Pennatuliden und Leuchtkäfern bekannt geworden. Es sind also auch die Symptome kontinuierliches Licht und Reizlicht als Kriterien für uns nicht zu verwerten, ja es kann das Verhalten der Pyrosomen in vieler Hinsicht geradezu als Paradigma für zahlreiche andere Leuchttiere gelten, über deren Lichtquelle wir jetzt noch im dunkeln sind.

Eine weitere Eigentümlichkeit mancher leuchtender Tiere, die auf den ersten Blick gegen ein Bakterienlicht sprechen könnte, ist die eines Tagesrhythmus in der Lichterzeugung. Peridineen, ein Teil der Anthozoen, Ctenophoren, Pelagia, Ptychodera leuchten, bei Tage in die Dunkelkammer gebracht und entsprechend gereizt, nicht, sondern nur des Nachts[49]. Bei freilebenden Leuchtbakterien ist etwas Derartiges unbekannt. Die gewöhnliche Erklärung hierfür lautet, daß bei diesen Tieren die Luciferinbildung bei Belichtung nicht einsetzt. Nun hat man aber bei dem letztgenannten Objekt gefunden, daß auch verdunkelt dieser Rhythmus noch acht Tage andauert! Wir sind also gezwungen, irgendwelche uns völlig unbekannte, hemmende Vorgänge im Tier anzunehmen, welche wir aber ebensogut wie auf die eigenen Zellen auch auf symbiontische Mikroorganismen wirkend denken können, die ja hinsichtlich der Leuchtfähigkeit so sehr von der Beschaffenheit ihrer Umgebung abhängig sind.

Ernstlichere Schwierigkeiten aber können vielleicht da und dort einer Anwendung der Symbiosevorstellung auf bestimmte Fälle dadurch erwachsen, daß die betreffenden Tiere größere Mengen von Leuchtsekret aussenden, während doch bei Bakterien niemals eine Ausscheidung leuchtender Materie zu beobachten ist, sondern das Licht stets ein intracellulares bleibt. Zum Teil läßt sich ja zweifellos der Widerspruch dadurch lösen, daß eben tatsächlich kein Leuchtsekret ausgestoßen wird, sondern ein Schwarm von Leuchtbakterien, die so einen feurigen Nebel im Wasser verbreiten, wie etwa bei den Sepien, welche des Tages die Verfolger mit einer schwarzen Tintenwolke, in Dunkelheit mit einem Feuerwerk zu narren wissen. Aber dem stehen andererseits Angaben gegenüber, daß solche Sekrete keine nennenswerten geformten Einschlüsse besitzen; Pholas und der Ostracode Cypridina, nach eigenen Beobachtungen auch das Leuchtsekret von Geophilus sind hier zu nennen, und wir müssen so zuverlässigen Gewährsleuten, wie Molisch und Harvey, in diesem Punkt wohl Glauben schenken. Solche Formen sind es in erster Linie, die gegebenenfalls als echte leuchtende Tiere in Frage kommen. Sache der nächsten Jahre wird es sein, hier größere Klarheit zu schaffen. Daß schließlich ein Rest von solchen bestehen bleiben wird, scheint mir doch nicht unwahrscheinlich[50].

Dem ordnungschaffenden Sinn wäre es zweifellos willkommener, zu einer einheitlichen Lösung zu kommen und die Vorstellung, daß zwei so verschiedene Quellen tierischer Lichterzeugung bestehen sollen, muß ihm widerstreben. Auf der anderen Seite entspricht es dem künstlerischen Walten der Natur, wenn sie dem gleichen Endzweck die verschiedensten Mittel in souveräner Weise dienstbar zu machen versteht.

Soviel steht jedenfalls fest, die Erscheinung, daß Tiere in besonderen Organen Leuchtbakterien züchten, die sie von Generation zu Generation gleich einer heiligen Flamme vererben, ist kein Märchen mehr, sondern Tatsache, ja sie besitzt sogar eine recht weite Verbreitung unter den verschiedenartigsten Tierformen. Wir müssen uns mit der Vorstellung vertraut machen, daß unter Umständen auch der Aufbau der ganzen komplizierten Leuchtapparate nicht durch eine dem Tier innewohnende Fähigkeit ausgelöst wird, sondern daß fremden, mit Willen aufgenommenen Gästen letzten Endes ihre Entstehung und der mannigfache damit verbundene Vorteil zu danken ist. Haben wir schon immer das Leuchtvermögen der Tiere als eine der anziehendsten Lebensäußerungen bewundert, so wird sie durch diese neue Erkenntnis des Wunderbaren nicht entkleidet, sondern nur noch geheimnisvoller. Denn es vereinen sich nun mit den Rätseln der Biolumineszenz die der Symbiose.

Anmerkungen.

1) Diese Hemmung ist ohne weiteres den gegebenen Verhältnissen zu entnehmen. Die geringe Mengenzunahme der Symbionten, für die wir ja im Wachstum der von ihnen bewohnten Organe einen Maßstab besitzen, steht in keinem Verhältnis zur Lebensdauer des Wirtes. Gewisse Symbionten der Schildläuse (Lecaniinen) und vieler Zikaden, die man früher für Saccharomyceten, jetzt für Sproßformen eines Pyrenomyceten hält, findet man überaus häufig in Knospung, ohne daß eine entsprechende Vermehrung die Folge wäre. Diese Stadien bleiben vielmehr, wie Untersuchungen von W. Schwarz (Untersuchungen über die Pilzsymbiose der Schildläuse. Biol. Zentralbl. Bd. 44. 1924) ergeben haben, auch im hängenden Tropfen tagelang unverändert oder zeigen nur einen geringen Fortschritt. Der genannte Autor kommt zu dem Schlusse, daß nicht nur die Vermehrungsintensität stark herabgesetzt ist, sondern auch der Ernährungszustand als ungünstig zu bezeichnen ist.

2) Absterbende Symbionten, die so eine unverhältnismäßige Vermehrung verhüten würden, finden sich bei diesen hochgradig geregelten Insektensymbiosen niemals. Verschwindende Ausnahmen mögen vielleicht bestehen, wo der intracellulare Sitz aus bestimmten Gründen zu gewissen Zeiten ganz oder teilweise aufgegeben wird (wie bei den Anobien nach Buchner: Studien an intracellularen Symbionten 3. Die Symbiose der Anobiinen mit Hefepilzen. Arch. f. Protistenkunde Bd. 42. 1921). Bei den Algensymbiosen dagegen ist bekanntlich das Absterben und Verdautwerden eines Symbiontenüberschusses eine Häufigkeit. Nach Mercier und Meyer sollen auch die symbiontischen Bakterien in der Speicherniere (Konkrementendrüse) von Cyclostoma zu einem großen Teil verdaut werden.

3) Die allgemein vorhandenen Schwierigkeiten der Zucht außerhalb des Wirtes sind wohl darauf zurückzuführen. Im speziellen sei unter anderem auf die Erfahrungen von G. Meißner (Bakteriologische Untersuchungen über symbiontische Leuchtbakterien von Sepien aus dem Golf von Neapel. Zentralbl. f. Bakteriol., Parasitenk. u. Infektionskrankh.; im Druck) aufmerksam gemacht, wonach die Leuchtbakterien der Cephalopoden, die sich ja sicher von saprophytischen und Seewasser bewohnenden ableiten, heute in solchen Medien nur noch mangelhaft gedeihen. — Über das Verhalten der

Symbionten nach dem natürlichen Tode des Wirtes wissen wir nur sehr wenig, möchten aber vermuten, daß auch hierbei der Großteil der Symbionten nicht die zum Weiterleben geeigneten Bedingungen findet. Schwarz (l. c.) ist bei Schildläusen der Frage weiter nachgegangen und hat gefunden, daß tote Läuse niemals Dauerzellen oder zu Mycelien auswachsende enthalten. In Tieren, die schon stark zersetzt waren, fanden sich nur noch spärliche Überreste.

4) Die Möglichkeit, das stammesgeschichtliche Alter der symbiontischen Bündnisse einigermaßen zu beurteilen, bietet sich uns, wenn wir eine systematisch reichgegliederte Gruppe eingehend vergleichend untersuchen. Ich habe dies für die Zikaden durchgeführt (Buchner: Stud. intrac. Symb. 5. Die symbiontischen Einrichtungen der Zikaden. Zeitschr. f. wiss. Biol., Abt. A: Zeitschr. f. Morphol. u. Ökol. d. Tiere Bd. 4. 1925) und gefunden, daß Familien, Unterfamilien und Tribus jeweils ihre spezifischen Einrichtungen besitzen, die vielfach so weit voneinander abweichen, daß die Ableitung eines Typus aus dem anderen schon wegen der ganz heterogenen Symbionten völlig unmöglich ist. Die einzelnen Abteilungen der Zikaden müssen schon etwa wie heute bestanden haben, als sie ihre Symbiosen eingingen. Ganz ähnlich liegen die Dinge beispielsweise bei den Schildläusen, wo zwischen den Symbiosen der Lecaniinen, Coccinen, Diaspinen, Margarodinen usw. unüberbrückbare Unterschiede bestehen.

5) Dafür, daß wahrscheinlich heute noch neue Symbiosen eingegangen werden, sprechen einmal eine Reihe Erfahrungen an Algensymbiosen, wie etwa die Entdeckung der Hydra viridescens (W. Goetsch: Die Symbiose der Süßwasserhydroiden und ihre künstliche Beeinflussung. Zeitschr. f. wiss. Biol., Abt. A: Zeitschr. f. Morph. u. Ökol. d. Tiere Bd. 1. 1924), die Möglichkeit, künstlich Tiere mit Algen zu infizieren, die in der Natur keine solchen führen (nach im Druck befindlichen Untersuchungen von Goetsch und Scheuring), und Beobachtungen, die ich bei Zikaden machte. Unter diesen gibt es Formen, die neben den eingebürgerten Symbionten auch solche besitzen, bei denen ein verschieden weitgehender Mangel an Fügsamkeit auffällt. Ich bin damit beschäftigt, dieser Erscheinung durch den Vergleich möglichst vieler von verschiedenen Gegenden stammender Tiere näherzukommen, da es mir wahrscheinlich dünkt, daß in solchen Fällen geographische Rassen mit verschieden weitgehender Anpassung existieren.

6) Wichtigste Literatur über Homopterensymbionten: Buchner, P.: Stud. intrac. Symb. 1. Die intracellularen Symbionten der Hemipteren. Arch. f. Protistenkunde Bd. 26. 1912; 2. Die Symbionten von Aleurodes, ihre Übertragung in das Ei und ihr Verhalten bei der Embryonalentwicklung. Ibid. Bd. 39. 1918; 5. Die

symbiontischen Einrichtungen der Zikaden. Zeitschr. f. wiss. Biol., Abt. A: Zeitschr. f. Morphol. u. Ökol. d. Tiere Bd. 4. 1925; Derselbe: Tier und Pflanze in intracellularer Symbiose. Berlin 1921; Pierantoni, Umb.: Ulteriori osservazioni sulla simbiosi ereditaria degli omotteri. Zool. Anz. Bd. 35. 1910; Derselbe: Studi sullo sviluppo d'Icerya purchasi, 1—3. Arch. Zool. Bd. 5, 7. 1912, 1914; Schwarz, W.: op. cit. 1924; Šulc, K.: „Pseudovitellus" und ähnliche Gewebe der Homopteren sind Wohnstätten symbiontischer Saccharomyceten. Sitzungsber. d. k. böhm. Ges. d. Wiss. 1910; Derselbe: Symbiontische Saccharomyceten der echten Zikaden. Ebenda 1910; Derselbe: Intracellulare hereditäre Symbiose beim Margarodes. Publ. biolog. école haut. étud. vétérin. Brünn Bd. 2. 1923.

7) Wichtigste Literatur: Mercier, L.: Recherches sur les bactéroides des Blattides. Arch. f. Protistenkunde Bd. 9. 1907; Fränkel, H.: Die Symbionten der Blattiden im Fettgewebe und Ei. Zeitschr. f. wiss. Zool. Bd. 129. 1921; Gropengieser, C.: Untersuchungen über die Symbiose der Blattiden mit niederen pflanzlichen Organismen. Zentralbl. f. Bakteriol., Parasitenk. u. Infektionskrankh. Abt. 2, Bd. 64. 1925; Heymons, R.: Die Embryonalentwicklung von Dermapteren und Orthopteren. Jena 1895.

8) Die Bakterien leben nach Untersuchungen meiner Schülerin M. Kuskop (Bakteriensymbiosen bei Wanzen [Hemiptera heteroptera] Arch. f. Protistenk. Bd. 47. 1924) im allgemeinen im Lumen dieser seltsamen, meist orange oder gelb gefärbten Ausstülpungen, die zu wendeltreppenförmig ziehenden Krausen oder hantelförmigen Lappen verwachsen; nur bei den Aphaninen treten sie außerdem in das Plasma der umhüllenden Zellen über.

9) Die wichtigste Literatur zu diesem Gebiet: Buchner, P.: Die Symbiose der Pedikuliden mit niederen pflanzlichen Mikroorganismen. Biol. Zentralbl. Bd. 39. 1920; Derselbe: Hämophagie und Symbiose. Naturwissenschaften 1922; Derselbe: Stud. intrac. Symb. 4. Die Bakteriensymbiose der Bettwanze. Arch. f. Protistenk. Bd. 46. 1923; Derselbe: Stud. intrac. Symb. 6. Die Ixodessymbiose, in Vorber.; Cowdry, E. V.: A Group of Microorganisms transmitted hereditarily in ticks and apparently unassociated with disease. Journ. of exp. med. Bd. 41. 1925; Reichenow, Ed.: Intracelluläre Symbionten bei blutsaugenden Milben und Egeln. Arch. f. Protistenkunde Bd. 45. 1922; Roubaud, E.: Les particularités de la nutrition et la vie symbiotique chez les mouches tsetsés. Ann. de l'inst. Pasteur Bd. 33. 1919; Schaudinn, Fr.: Generations- und Wirtswechsel bei Trypanosomen und Spirochäte. Arb. a. d. Reichs-Gesundheitsamte Bd. 20. 1904; Sikora, H.: Vorläufige Mitteilung über Mycetome bei Pediculinen. Biol. Zentralbl. Bd. 39. 1919.

10) Die Untersuchungen wurden im Greifswalder Zoologischen und Hygienischen Institut von E. Werner angestellt (Die Ernährung der Larve von Potosia cuprea; ein Beitrag zum Problem der Celluloseverdauung bei Insektenlarven. Zeitschr. f. wiss. Biol., Abt. A: Zeitschr. f. Morphol. u. Ökol. d. Tiere; im Druck; eine ausführliche Darstellung der bakteriologischen Ergebnisse wird im Zentralbl. f. Bakteriol., Parasitenk. u. Infektionskrankh. erscheinen).

11) Wir finden z. B. das Darmlumen der im Holz minierenden Cossus- (Schmetterlings-) Larven mit unendlichen Massen eines Bacteriums erfüllt. Auch Portier hat bereits ähnliche, nachzuprüfende Angaben über Schmetterlingslarven gemacht. Überhaupt ist auf diesem Gebiet noch vieles zu tun und die Hilfe des Bakteriologen besonders erwünscht.

12) Cleveland, L. R.: The ability of Termites to live perhaps indefinitely on a diet of pure cellulose; Derselbe: The feeding habit of Termite castes and its relation to their intestinal Flagellates. — The effects of oxygenation and starvation on the symbiosis between the Termite Termopsis and its intestinal Flagellates; alles: Biol. Bull. Bd. 48. 1925.

13) Für Anobien siehe Buchner: Stud. intrac. Symb. 3. l. c., für sie und andere holzfressende Käfer eine in meinem Institut angestellte Studie von Dr. Heitz: Intracellulare Symbiose bei holzfressenden Käferlarven I (wird erscheinen in Zeitschr. f. wiss. Biol., Abt. A: Zeitschr. f. Morphol. u. Ökol. d. Tiere). Außer Anobien werden hierin vor allem eine Reihe Bockkäfer und eine Buprestide behandelt.

14) Über Camponotussymbiose berichten Blochmann, Fr.: Über das regelmäßige Vorkommen von bakterienähnlichen Gebilden in den Geweben und Eiern verschiedener Insekten. Zeitschr. f. Biol. Bd. 24. 1887; Buchner, P.: Tier und Pflanze in intracellularer Symbiose 1921; Hecht, O.: Embryonalentwicklung und Symbiose bei Camponotus ligniperda. Zeitschr. f. wiss. Zool. Bd. 122. 1924. Dacus behandelt die schöne Untersuchung von Petri: Ricerche sopra i batteri intestinali della Mosca olearia. Mem. R. Staz. patol. veg. Roma 1909. Die Cyclostomenbakterien untersuchten Mercier, L.: Les cellules uriques du Cyclostoma et leur Bactérie symbiote. Arch. d'anat. micr. Bd. 15. 1913; Quast, P.: Der Konkrementenspeicher („Konkrementendrüse" Claparèdes) von Cyclostoma elegans Drap. Zeitschr. f. d. ges. Anat., Abt. 1: Zeitschr. f. Anat. u. Entwicklungsgesch. Bd. 72. 1924; Meyer, K. Fr.: The „Bacterial Symbiosis" in the Concretion Deposits of certain operculate Land Mollusks of the Families Cyclostomatidae and Annulariidae. Journ. of infect. dis. Bd. 36. 1925.

15) Damit soll nicht gesagt sein, daß sie nicht auch ein dankbares Studienobjekt darstellen. Eine Reihe neuerer Arbeiten, die zum Teil wohl dem erneuten Impuls zu danken sind, den die Symbioseforschung auf anderem Gebiet erhielt, beweisen dies (Öhler, R.: Die Zellverbindung von Paramaecium bursaria mit Chlorella vulgaris. Arb. a. d. Staatsinst. f. exp. Therapie G.-Speyer-Haus, Bd. 15. 1922; Goetsch, W.: Die Symbiose der Süßwasserhydroiden und ihre künstliche Beeinflussung. l. cit.; v. Haffner, K.: Untersuchungen über die Symbiose von Dalyellia viridis mit Chlorellen. Zeitschr. f. wiss. Zool. Bd. 126. 1925 u. a.).

16) Literatur über Pyrosomenleuchten und Symbiose: Panceri, P.: Gli organi luminosi e la luce dei pirosomi e delle foladi. Atti R. Accad. scienze fis. e mat. Napoli Bd. 5. 1872; Polimanti, O.: Über das Leuchten von Pyrosoma elegans. Zeitschr. f. Biol. Bd. 55. 1911; Julin, Ch.: Recherches sur le développement embryonnaire de Pyrosoma giganteum I. Zool. Jahrb., Abt. f. Zool. u. Physiol. Suppl.-Bd. 15. 1912; Buchner, P.: Sind die Leuchtorgane Pilzorgane? Zool. Anz. 45. 1914; Derselbe: Tier und Pflanze in intracellularer Symbiose 1921; Pierantoni, U.: Gli organi luminosi simbiotici ed il loro ciclo ereditario in Pyrosoma giganteum. Pubbl. Staz. Zool. di Napoli. Bd. 3. 1921.

17) Siehe Buchner: Stud. intrac. Symb. 2. Die Symbionten von Aleurodes. Arch. f. Protistenkunde Bd. 39. 1918.

18) Es hat lange gedauert, bis man die mit diesem Vorgang verknüpften Veränderungen am Blattlausembryo verstanden hat, die schon Leydig, Metschnikoff, Witlaczil und Will, ohne von Symbiose etwas zu wissen, untersucht haben. Meiner Meinung nach gelang dies meinem Schüler Sell, wenn er zeigen konnte, daß bei den Sommerembryonen im Laufe der Furchung ein Zellkomplex, der dem im Winterembryo infizierten entspricht, ausgeschieden wird, mit einer besonders differenzierten Einfallspforte im Follikel enge Beziehungen eingeht und die dann erst von außen einrückenden Pilze aufnimmt. Um ein wie schwieriges Kapitel es sich handelt, kann man daraus entnehmen, daß nun neuerdings wieder eine Arbeit sich mit der Frage befaßt (Uichanco, L. B.: Studies on the embryogeny and postnatal development of the Aphididae with special reference to the history of the „symbiotic organ", or „Mycetom". Philippine journ. of science Bd. 24. 1924) und zu einer ganz anderen Darstellung kommt. Wir müssen sie für irrig halten, möchten es aber einer weiteren im Gange befindlichen Arbeit über die Blattlaussymbiose (Klevenhusen, s. unten) überlassen, sich mit dem Autor auseinanderzusetzen.

19) Buchner, P.: Stud. intrac. Symb. 5. Die symbiontischen Einrichtungen der Zikaden. Zeitschr. f. wiss. Biol., Abt. A: Zeitschr. f. Morphol. u. Ökol. d. Tiere Bd. 4. 1925.

20) Ersteres ist bei Tettigoniella viridis der Fall, letzteres bei Icerya (Pierantoni: op. cit.) und den Coccinen (Buchner: Tier und Pflanze 1921).

21) Julin, Ch.: Les caractères histologiques spécifiques des „cellules lumineuses" de Pyrosoma giganteum et de Cyclosalpa pinnata. C. R. Acad. Sc. Paris Bd. 155. Auch die Einschlüsse in den Furchungszellen, die ich mit den Leuchtsymbionten identifiziere, waren den zahlreichen älteren Untersuchern der Salpenembryologie (Salensky, Korotneff, Heider u. a.) bereits aufgefallen, ohne daß sie, wie so oft in ähnlichen Fällen, die richtige Deutung finden konnten. Man hielt sie bald für dotterartige Gebilde, bald für der Resorption verfallende Follikelkerne.

22) Es ist sehr wahrscheinlich, daß im allgemeinen die totale Furchung der Eier der Einbürgerung einer intracellularen Symbiose unüberwindliche Schwierigkeiten macht. Wir kennen jedenfalls keinen ähnlichen, gesicherten Fall. Ein Ausweg bietet sich bei den Formen, deren Eier sich zwar total furchen, aber in Kokons zur Entwicklung kommen. Denn in solchen Fällen kann die Kokonflüssigkeit infiziert werden (Lumbriciden, wohl sicher auch die blutsaugenden Hirudineen, Cyclostoma?). Es wird sich dann aber vornehmlich um Symbionten handeln, die sich in Körperhöhlungen aufhalten. Eine andere Möglichkeit bestünde in der Beschmierung der Eier im Zusammenhang mit Schalenbildung (s. später). — Daß den Tunicaten so eigenartige Maßnahmen offenbar „liegen", tun die gewöhnlichen Testazellen und die Transportzellen der Pyrosomasymbionten dar. In weiterem Umfang organbildende Follikelzellen würden nur die gleiche Tendenz in extremer Weise bekunden.

23) Über den Bau der Organe berichtet Steche, O.: Die Leuchtorgane von Anomalops katoptron und Photoblepharon palpebratus, zwei Oberflächenfischen aus dem Malaiischen Archipel. Zeitschr. f. wiss. Zool. Bd. 93. 1909; über die Symbionten Harvey, E. New.: The production of light by the fishes Photoblepharon and Anomalops. Publ. of Carnegie Inst. Washington 1922, Nr. 312.

24) Dahlgren, U.: Luminosity in marine animals. Carneg. Inst. Washington Year Book N. 20, 1921.

25) Pierantoni, Umb.: Gli organi simbiotici e la luminescenza batterica dei Cephalopodi. Pubbl. Staz. Zool. di Napoli Bd. 2. 1918.

26) Zirpolo, G.: I batterii fotogeni degli organi luminosi di Sepiola intermedia Naef (Bacillus Pierantonii n. sp.). Boll. Soc. Natural. Napoli Bd. 30 (Ser. 2, Bd. 10). 1918, und eine Reihe weiterer,

großenteils ebenda veröffentlichter Mitteilungen. Meißner, G.: Bakteriologische Untersuchungen über symbiontische Leuchtbakterien von Sepien aus dem Golf von Neapel. Zentralbl. f. Bakteriol., Parasitenk. u. Infektionskrankh., im Druck. Die aus dem hiesigen Bakteriologischen Institut hervorgehende Arbeit wurde teils in Neapel, teils in Greifswald ausgeführt. Der Liebenswürdigkeit der Verfasserin danke ich es, daß in Lund prächtig leuchtende Kulturen der Sepiensymbionten vorgeführt werden konnten.

27) Vgl. Buchner: Stud. intrac. Symb. 5. 1925.

28) In der Beurteilung dieser akzessorischen Mycetome weicht meine Auffassung von der Šulcs ab. Šulc, K.: Intracellulare Symbiose bei den Fulgoriden (Homoptera). Publ. biol. écol. haut. étud. vet. Brünn Bd. 3. 1924). Dieser sieht in ihren Insassen selbständige Symbionten, durch die also die jeweilige Symbiontenzahl um einen erhöht würde, und meint, daß sie auch in die Eizellen übertreten, während ich für einen solchen Vorgang keine Anhaltspunkte finde. Auch ist ihm entgangen, daß jene Rectalorgane den männlichen Tieren stets fehlen, obwohl alle Eizellen infiziert werden.

29) Nach Untersuchungen, die Herr Klevenhusen zur Zeit in meinem Institut anstellt.

30) Petri: op. cit.

31) Buchner: Stud. intrac. Symb. 3.

32) Bezüglich holzfressender Käfer s. Heitz (op. cit.). Bezüglich Heteropteren Kuskop (op. cit.). Die letzten Darmausstülpungen der reifen Weibchen weisen bei den Heteropteren eine ungewöhnliche Füllung von Symbionten auf und erscheinen so ganz geschwollen. Gleichzeitig treten, was in jungen Weibchen und in den männlichen Tieren nie der Fall ist, die Bakterien in das Darmlumen selbst über. Da die Eizellen sicher steril bleiben, die schlüpfenden Tiere aber infiziert sind, bleibt den Symbionten nur der Weg vom Enddarm auf die Mikropylenregion und von hier ins Ei bzw. den Embryo.

33) Man könnte hier die Frage aufwerfen, wie die Leuchtsymbionten von Anomalops und Photoblepharon übertragen werden. Leider wissen wir nichts darüber.

34) Pierantoni, U.: Nuove osservazioni su luminescenza e simbiosi III. L'organo luminoso di Heteroteuthis dispar. Atti R. Accad. Linc. Rend. (5a) Bd. 33. 1924.

35) Chun, C.: Myopsida. Ergeb. deutsch. Tiefseexped. Bd. 18. 1914.

36) Pierantoni, U.: La fosforescena e la simbiosi in Microscolex phosphoreus (Ant. Du~). Boll. Soc. Natur. Napoli. Bd. 36. 1924.

37) Die Symbiose der Oligochaeten mit Bakterien, soweit sie in den Nephridien lokalisiert sind, wurde im hiesigen Zoologischen Institut von Herrn Knoop untersucht. Die Arbeit wird in der

Zeitschr. f. wiss. Biol., Abt. A: Zeitschr. f. Morphol. u. Ökol. d. Tiere erscheinen. Er konnte derartige Einrichtungen bei zahlreichen darauf geprüften Lumbriciden (Lumbricus, Bimastus, Allolobophora, Dendrobaena) wiederfinden. Interessanterweise besiedeln die Bakterien der auf Südamerika beschränkten Glossoscolecinen neben dem Lumen auch die Epithelzellen der Nierenkanälchen (Thamnodrilus, Incadrilus, Enantiodrilus, Andiorrhinus, Glossoscolex u. a.). Die Übertragung geschieht auf dem Umwege der Infektion der Kokonflüssigkeit, von wo die Bakterien sogleich nach dem Durchbruch der einzelnen Excretionspori jeweils von außen in die Ampullen hinaufsteigen.

Pierantoni identifiziert die Leuchtsymbionten von Mikroscolex zugleich mit den bei Anneliden so verbreiteten „Bakteroiden". Das scheint uns aber nicht gerechtfertigt. Zudem finden wir in Mikroscolex, die wir der Liebenswürdigkeit des italienischen Forschers verdanken, neben offenkundigen Bakterien, die wir mit ihm für das Leuchten verantwortlich machen möchten, die deutlich von ihnen zu unterscheidenden Bakteroiden. Schon Trojan wandte sich übrigens gegen die Identifizierung der Bakteroiden mit Bakterien.

38) Buchner: Neue Beobachtungen an intracellularen Symbionten. Sitzber. Ges. Morph. Phys. München 1919; Derselbe: Tier und Pflanze 1921; Pierantoni, U.: Nuove osservazioni su luminescenza e simbiosi: 2. La fosforescenza dei Ctenophori. Atti R. Accad. Linc. Rend. 1. Sem. Bd. 33. 1924.

39) Über Lampyriden s. Pierantoni, U.: Sulla luminosità e gli organi luminosi di Lampyris noctiluca L. Boll. Soc. Nat. Napoli Bd. 27. 1914.

40) Heller, J. Fl.: Über das Leuchten im Pflanzen- und Tierreich. Arch. f. physiol. u. pathol. Chem. u. Mikroskop., Wien, N. F. Bd. 6. 1853. Molisch, H.: Leuchtende Pflanzen. Eine physiologische Studie. Jena 1904.

41) Über die Talitrusparasiten berichtet Giard, A.: Nouvelles recherches sur les bactéries lumineuses pathogènes. C. R. Soc. Biol. Paris. Bd. 42. 1890; Giard und Billet, A.: Observations sur la maladie phosphorescente des talitres et autres crustacés. ebenda Bd. 41. 1889.

42) Auch Frl. Dr. Meißner machte mit den symbiontischen Leuchtbakterien der Sepien solche Versuche. Sie erwiesen sich für Kaninchen, Meerschweinchen oder Scyllium nicht pathogen. Injiziert man aber Sepia officinalis eine Vibrio Pierantonii-Emulsion, so tritt an der Injektionsstelle Leuchten auf, das 2—3 Tage gleichbleibt und dann schwächer wird. Es entwickeln sich Abscesse und Nekrosen, aus denen die Bakterien wieder gezüchtet werden können.

43) Auf solche Schwierigkeiten stieß z. B. Pierantoni bei den Euphausiden (Note di morphologia e sviluppo sui fotofori degli Eufausiacei. Pubbl. Staz. Zool. Napoli Bd. 3. 1921).

44) Meves, Fr.: Die Plastosomentheorie der Vererbung. Arch. f. mikroskop. Anat., Abt. 2, Bd. 92. 1918; Portier, P.: Les symbiotes. Paris 1918; Wallin, Ivan E.: On the nature of mitochondria. Eine Reihe von Aufsätzen in Americ. journ. of anat. u. Anat. Record von 1922 an; Derselbe: The Mitochondria Problem. Americ. Naturalist Bd. 57, 1923; Pierantoni, U.: I recenti studii sulla simbiosi fisiologica ereditaria. Atti Soc. Ital. Progresso Scienc. VIII. Riun. 1924.

45) Lumière, Aug.: Le Mythe des Symbiotes. Paris 1919; Regaud, Cl.: Mitochondries et symbiotes. C. R. Soc. Biol. Paris Bd. 82. 1918; Guillermond, A.: ebenda Bd. 82. 1918; Buchner: Tier und Pflanze 1921; Cowdry, C. V.: The independence of mitochondria and the Bacillus radicicola in root nodules. Americ. journ. of anat. Bd. 31. 1923; Bowen, R. H.: On the nature of Mitochondria. Anat. Record Bd. 26. 1923.

46) Dubois, R.: La vie et la lumière. Paris 1914; Mangold, E.: Die Produktion von Licht in Winterstein: Vergl. Physiol. Bd. 3, H. 2. 1910; Harvey, E. N.: The nature of Animal Light. Philadelphia u. London 1919; Pratje, A.: Das Leuchten der Organismen. Ergebn. d. Physiol. Bd. 21. 1923.

47) Harvey, E. N.: On the Presence of Luciferin in Luminous Bacteria. Americ. journ. of physiol. Bd. 41. 1916.

48) Polimanti, O.: Über das Leuchten von Pyrosoma elegans Les. Zeitschr. f. Biol. Bd. 55. 1911.

49) Croisier, W. Seine unveröffentlichten Ergebnisse an Ptychodera wurden von Harvey und Dahlgren mitgeteilt (s. Pratje: l. c.). Heymann, L. und A. R. Moore: Luminiscence in Pelagia noctiluca. Gen. Physiol. Bd. 6. 1924.

50) Molisch: Leuchtende Pflanzen. Jena 1912; Harvey: The Chemistry of Light Production in a Japanese Ostracod Crustacean Cypridina Hilgendorfi Müller. Americ. journ. of physiol. Bd. 42. 1917. Tiere, bei denen in erster Linie noch die Produktion eines leuchtenden Sekretes in Frage kommt, scheinen neben den Tausendfüßlern auch die Echinodermen zu sein. Heymann und Moore (op. cit.) erklären für Pelagia ein Symbioseleuchten für nicht in Frage kommend. Bezüglich der Angaben Dofleins über leuchtende Ostracoden macht mich G. W. Müller darauf aufmerksam, daß dieser sein Material falsch bestimmt hat. Es lag keine Halocypride vor, sondern eine Pyrocypris (Cypridiniden).

GPSR Compliance

The European Union's (EU) General Product Safety Regulation (GPSR) is a set of rules that requires consumer products to be safe and our obligations to ensure this.

If you have any concerns about our products, you can contact us on ProductSafety@springernature.com

In case Publisher is established outside the EU, the EU authorized representative is:

Springer Nature Customer Service Center GmbH
Europaplatz 3
69115 Heidelberg, Germany

Batch number: 10682411

Printed by Printforce, the Netherlands